DADOU YUMI DAIZHUANG JIANZUO
FUHE ZHONGZHI JISHU

大豆玉米带状间作复合种植技术

吴振美　张路生　王　焱
刘　彤　关伟伟　蔡士成　主编

中国农业科学技术出版社

图书在版编目(CIP)数据

大豆玉米带状间作复合种植技术 / 吴振美等主编 . --北京：中国农业科学技术出版社，2023. 10

ISBN 978-7-5116-6465-5

Ⅰ. ①大… Ⅱ. ①吴… Ⅲ. ①大豆-间作②玉米-间作 Ⅳ. ①S513②S565. 1

中国国家版本馆 CIP 数据核字(2023)第 191801 号

责任编辑 白姗姗
责任校对 李向荣
责任印制 姜义伟 王思文

出 版 者 中国农业科学技术出版社
北京市中关村南大街 12 号 邮编：100081
电 话 (010) 82106638 (编辑室) (010) 82109702 (发行部)
(010) 82109709 (读者服务部)
网 址 https://castp.caas.cn
经 销 者 各地新华书店
印 刷 者 北京富泰印刷有限责任公司
开 本 140 mm×203 mm 1/32
印 张 6
字 数 156 千字
版 次 2023 年 10 月第 1 版 2023 年 10 月第 1 次印刷
定 价 36. 00 元

《大豆玉米带状间作复合种植技术》

编 委 会

主　编： 吴振美　张路生　王　焱　刘　彤
　　　　　关伟伟　蔡士成

副主编： 倪　玲　李建芬　赵　珂　赵晓丽
　　　　　王宝占　万丽红　安爱民　王仁山
　　　　　李本玉　金春丽　马晓玲　邓锋震
　　　　　刘书佳

前　　言

大豆、玉米既是人类的食物，又是牲畜的优质饲料和工业原料，保障大豆、玉米有效供给对保障我国人民健康、社会稳定和经济发展具有十分重要的战略意义。目前，我国常年需求大豆1.1亿吨、玉米3.3亿吨，以净作生产方式满足国内消费需求，需用近15亿亩耕地，依靠大幅度增加净作面积提高大豆、玉米自给率难度较大。利用农业技术成果改进和创新种植模式，缓解两者争地矛盾，实现高产高效，成为解决我国粮食安全问题的重要途径之一。

大豆玉米带状间作复合种植技术是在传统间作的基础上创新发展而来的，采用玉米带与大豆带复合种植，充分利用玉米的边行优势，扩大大豆的受光空间，实现协同共生、一季双收，能够为提高我国大豆综合生产能力、促进农业可持续发展提供新途径。

为了帮助农民朋友掌握大豆玉米带状间作复合种植技术，促进大豆玉米产业化发展，编写了本书。本书共六章，分别为：大豆玉米生物学特性、大豆玉米带状间作复合种植技术基础、大豆玉米带状间作复合种植播种技术、大豆玉米带状间作复合种植田间管理技术、大豆玉米带状间作复合种植收获技术、大豆玉米带状间作复合种植病虫草害防治技术。本书结构清晰、文字通俗，具有较强的针对性、可读性和实用性。

本书面向基层农技人员、种植企业、种植大户、专业化合作组织和广大农民群众，希望能够对广大基层农业技术人员及农民朋友起到有益的指导和帮助。

由于我国地域辽阔，各地区实际地理状况、土壤气候等条件存在差异，所以本书介绍的栽培技术要因地制宜，农药的使用方法要根据当地的病虫草害发生的种类、时间和程度进行调整。

编　者

2023 年 9 月

目 录

第一章　大豆玉米生物学特性

第一节　大豆生物学特性

一、大豆概述

大豆俗名黄豆，属豆科大豆属，为一年生草本植物。大豆是我国传统出口创汇的主要农产品之一，在国际上享有很高的声誉。大豆营养丰富，尤其是蛋白质含量高，一般都在40%左右，最高可达49%；大豆所含的人体必需氨基酸齐全，又很容易被人体吸收利用，因此作为植物蛋白来源和保健食品，一直备受推崇。大豆除供食用外，还是食品、日化、医药、酿造和饲料工业等的重要原料。大豆因其根瘤菌、残茬、落叶等物质归还率高和适应性广等特点，在农业中是极好的养地、填闲和茬口作物。大豆茎、叶和籽粒加工后的副产物，因其营养丰富，又是牲畜的精饲料。因此，发展大豆生产，对于促进国民经济发展，改善人们的膳食结构，发展农、牧业和提高土壤肥力等均具有重要意义。

自20世纪80年代以来，大豆种植面积逐渐下降，单产不断提高，总产稳定缓慢上升。大豆起源于我国，主要在东北、华北8个省生产，其他各地区也都有栽培。仅在≥10℃的积温低于2 000℃或年降水量在400毫米以下，无灌溉条件的寒冷地区，如甘肃、青海、西藏、内蒙古等高原地区不能生长。

大豆在我国的生产区划为3个区域，北方一熟春播大豆区，包括黑龙江、吉林、辽宁、内蒙古、宁夏、新疆等省（区），以及河北、山西、陕西、甘肃4省北部，该区又分为3个亚区；黄淮海复种夏播大豆区，该区处在华北冬小麦主产区，又分为2个亚区；南方夏种多播期大豆区，该区在长江流域及其以南，雨水充沛，无霜期在210天以上，≥10℃积温在4 800℃以上，年均气温在15℃以上，只有西南高原地区由于海拔高而气温较低。

二、大豆的形态特征

（一）根和根瘤

如图1-1所示，大豆为直根系，由主根、侧根和根毛组成。种子萌发时，首先自珠孔长出一条幼根，称为胚根，胚根向下伸长为主根，入土深度可达45~60厘米，经5天侧根开始出现，出苗后1个月，主根有的可达100厘米，侧根先向水平方向伸展，再向下生长，整个根系呈钟罩状。根量80%集中分布在5~20厘米土层内。

大豆根瘤呈不规则球形，直径2~5毫米。一般每公顷大豆地可固纯氮45~52.5千克，根瘤菌将其固氮量的3/4供给大豆，约占大豆一生总需氮量的一半。

（二）茎

大豆的茎包括主茎和分枝。大豆的茎秆坚韧，略呈圆形。幼茎颜色有紫、绿两种，绿茎开白花，紫茎开紫色花。幼茎颜色可作为苗期去杂及鉴别品种的重要依据。成熟时茎多呈灰黄色、绿褐色或暗褐色。茎上一般着生灰白色、棕色、褐色等茸毛，具有保护茎的作用，但也有无茸毛的品种。

大豆的株高一般为50~100厘米，早熟品种生育期短，植株较矮；晚熟品种生育期长，植株高大。在主茎和分枝上均有节，

图 1-1　大豆的根和根瘤

主茎从子叶到顶端的节数，一般栽培品种为 12~20 节，每节着生 1 叶，节与节之间为节间，植株上部节间长，下部节间短。分枝是由主茎下部节的腋芽形成的，上部腋芽多长成花簇。在栽培条件下，一般品种可产生 3~5 个分枝，多的达 10 个以上。

分枝具有自动调节的能力，瘦地、密植的分枝少，甚至不分枝；肥地、稀植的分枝多。根据分枝多少、长短，将株型分为以下三类。

（1）蔓生型。野生大豆和半野生大豆属于这一类型。特点是茎细、节长、分枝多，植株生长较细弱，有爬蔓缠绕或匍匐的特性。

（2）半直立型。无限结荚习性的大豆地方品种多属于此类型。在土壤瘠薄、干旱情况下，直立不倒，但在水肥充足、高温多雨的情况下，往往缠绕性增强，甚至倒伏。

（3）直立型。一般有限结荚习性的早熟或中熟品种多属此

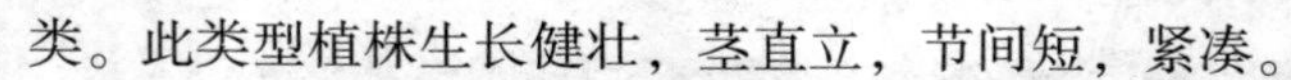

类。此类型植株生长健壮，茎直立，节间短，紧凑。

（三）叶

大豆的叶有两种，即子叶和真叶，真叶又分单叶和复叶。子叶表面光滑，真叶表皮上有茸毛，当大豆幼苗出土时，两个肥大的豆瓣就是大豆子叶，随后长出的对生卵圆形叶片是大豆单叶，以后长出的互生叶都是复叶。托叶一对，小而狭，呈三角形，位于叶柄基部两侧，叶柄长 2~20 厘米，小叶全缘，有圆形、卵圆形和披针形等。

（四）花

大豆的花成簇着生长在各节的叶腋、主茎及分枝顶端。花很小，其形状像蝴蝶，有紫、白两种颜色，无香味。大豆为自花授粉，一个花序上常簇生，称为花簇。每朵小花由苞叶、花萼、花冠、雌雄蕊构成，每一花簇有小花 3~40 朵，依品种不同及花轴长短而异。

（五）荚

荚是受精后的子房发育而成的。荚果多为镰刀形，也有扁平形、葫芦形等，成熟时荚为褐黑色或黑色等，长 3~6 厘米，每荚含 1~4 粒种子，个别 5 粒，大豆成熟后荚能沿缝线自行开裂。

（六）种子

种子由子房中受精的胚发育而成，由种皮和胚组成，无胚乳。胚由子叶、胚根和胚芽组成，两片肥大的子叶占种子重量的 90%，储藏着大量的蛋白质和脂肪。种皮上有一个明显的脐，是胚与外界气体交换的主要通道，也是种子萌发时水分进入的主要通道。种皮和种脐都有各种不同的颜色，是鉴别大豆品种的重要依据，它也影响大豆的商品价值。种皮有青色、黄色、褐色、黑色等，种脐颜色有白色、褐色、蓝色、黑色和无色等，有些种皮上有褐斑或紫斑。

三、大豆对环境条件的要求

（一）温度

大豆是喜温作物，一般≥15℃积温1 500℃以上，持续期超过60天，无霜期超过100天地区，均可种植大豆。不同品种的生育期对积温有不同的要求。大豆发芽最低温度为6℃，出苗最低温度为8~10℃，种子所处土壤温度低于8℃，则不能出苗。幼苗在-4℃低温下则受冻害；大豆播种后最适宜的发芽温度是20~22℃，最低为10~12℃；大豆生长发育最适宜的温度为日平均21~25℃，低于20℃生长缓慢，低于14℃生长停止。

（二）光照

大豆是短日照作物，对光照长度反应敏感。日照范围在8~9小时，光照越短，越能促进花芽分化，提早开花成熟；相反，在长日条件下，则会延迟开花和成熟，甚至不能开花结实。一般来说，大豆在苗期通过5~12天的短光照，就能满足它对短光照的要求。大豆生长发育要求有充足的阳光，如果阳光不足，植株郁蔽，则节间伸长，易徒长倒伏，落花落荚严重，致使单株结荚率低。合理调整群体结构，进行适当密植，改善通风透光条件，对提高大豆产量有重要意义。

（三）水分

大豆是需水较多的作物，总耗水量比其他作物多。大豆发芽时，需要从土壤中吸收种子重量110%~140%的水分，才能正常发芽出苗。苗期耗水量占全生育期的12%~15%，分枝到鼓粒占60%~70%，成熟阶段占15%~25%。因此，大豆幼苗期较耐干旱，土壤水分略少些可促进大豆根系深扎，对大豆后期生长有利，若水分过多，易长成高脚苗，不利于培育壮苗，故苗期要注意防涝，遇干旱时只宜浇少量水。分枝到开花结荚期是大豆一生中需水最多的时期，若水分不足，会造成大量花荚脱落，影响产量。鼓粒期是需水较多、对缺水十分敏感的时期，若干旱缺水，则秕荚、秕粒增多，百粒重下降。大豆成熟期要求较小的空气湿度和较少的土壤水分，以利豆荚脱水成熟。

(四) 土壤

大豆对土壤条件的要求并不十分严格，凡是排水良好、土层深厚、肥沃的土壤，大豆都能生长良好。栽培大豆的土壤酸碱度（pH 值）以 6. 8~7. 5 为最适，高于 9. 6 或低于 3. 9 对大豆生长发育都极为不利。微碱性的土壤可促进土壤中根瘤菌的活动和繁殖，对大豆的生长发育很有利。

四、大豆的生长发育特性

大豆从播种到新的种子成熟，叫作大豆的一生。大豆的一生可分为发芽出苗期、幼苗分枝期、开花结荚期和鼓粒成熟期 4 个生育时期。

(一) 发芽出苗期

具有生活力的大豆种子，当吸收了达本身种子重量 1. 1~1. 4 倍的水分，气温在 10~12℃，并有充足的氧气时，胚根便穿过珠孔而出，称为“发芽”。种子发芽后，由于胚轴的伸长，两片子叶突破种皮，包着幼芽露出土面，称为“出苗”。在适宜的条件下，一般 4~5 天。大豆的子叶较大，出苗时，顶土困难，因而播种不宜太深。子叶出土后，由黄色变为绿色，开始进行光合作用。

(二) 幼苗分枝期

从出苗到分枝出现，称为幼苗期，一般品种需 20~30 天，约占全生育期的 1/5。子叶展开后，经 3~4 天两片单叶出现，形成第一个节间，这时称为单叶期，以后第一片复叶出现，并出现

第二个节间，称为三叶期。大豆幼苗一、二节间长短是一个重要形态指标，夏大豆第一、二节间长度不应超过 5 厘米，否则苗子纤弱，发育不良。

当第一个复叶长出后，叶腋的腋芽开始分化为分枝或花蕾，若条件适宜，下部腋芽多长成分枝，上部腋芽发育为花芽。从第一个腋芽形成分枝到第一朵花出现，称为分枝期。大豆进入分枝期后，开始进行花芽分化，此时根、茎、叶生长和花芽分化并进，但仍以长根、茎、叶为主。植株生长速度加快，分枝不断出现，叶数增多，叶面积不断扩大；根系吸收能力逐渐加强，根瘤开始固氮，固氮能力逐日加强。这在栽培上是一个极为重要的时期，这一时期如果植株弱小，根系不发达，根瘤少，就很难获得高产；相反，若枝叶过度繁茂，群体过大，甚至徒长荫蔽，营养生长过旺，则会造成花芽分化少，降低产量。因此，这一时期要根据具体情况采取促控措施，以保证植株正常生长。

（三）开花结荚期

1. 开花结荚过程

大豆是自花授粉作物。从开花到终花，称为开花期。从现蕾到开花，需 20 天左右，一朵花开放后经过 4~5 天即可形成幼荚。大豆植株是边开花边结荚。开花期长短与品种熟性和生长习性有关，早熟或有限生长习性品种 15~20 天，晚熟或无限生长习性品种 30~40 天或更长。

2. 结荚习性

大豆的结荚习性分为 3 种。

（1）有限结荚习性。花梗长，荚密集于主茎节上及主茎、分枝的顶端，形成一个数荚聚集在一起的荚簇，全株各节结荚多且密，节间短，植株矮，茎粗不易倒伏。

（2）无限结荚习性。花梗分生，结荚分散，每节一般 2~5

个荚，多数在植株中下部，顶端仅有一个1~2粒的小荚。

（3）亚有限结荚习性。表现为中间型，偏向无限生长习性，植株高大，主茎发达，分枝较少，主茎结荚较多。开花顺序由下向上，受环境条件影响较大，同一品种在不同条件下表现不一，或表现为有限结荚习性，或表现为无限结荚习性。

(四）鼓粒成熟期

大豆从开花结荚到鼓粒没有明显的界线。从幼荚形成到荚内豆粒达到最大体积时，称为鼓粒期。结荚后期，营养体停止生长，豆粒成为养分积累中心，各叶片养分供应本叶叶腋豆粒，鼓粒期每粒种子日平均增重6~7毫克；开花后20~30天，种子进入形成中期，干物质迅速增加，一般达8%~9%，含水量降到60%~70%，此期主要积累脂肪；开花后30~40天，种子干重增加到最大值，此期主要积累蛋白质，当水分逐渐降到15%以下，种皮变硬并呈现品种固有形状色泽时，即为成熟。

大豆从开花、结荚、鼓粒到成熟所需天数，随品种特性及播种期不同而异，早熟品种一般为50~70天，中熟品种一般为70~80天，晚熟品种一般为80天以上。大豆开花结荚后约40天，种子即具有发芽能力，50天后的种子发芽健壮整齐。成熟度与种子品质和产量有密切关系，成熟完好的种子不仅色泽好，而且百粒重和产量均高；成熟不良和过熟的种子品质及产量呈降低趋势。因此，必须根据大豆种子的成熟度适期收获。

第二节　玉米生物学特性

一、玉米概述

玉米又名玉蜀黍、苞米、玉麦、苞谷，是我国的主要粮食作

物之一。玉米籽粒营养丰富，具有良好的食用价值。玉米籽粒中含有丰富的蛋白质和碳水化合物，脂肪含量也是禾谷类作物中最高的。玉米籽粒和茎叶都是发展畜牧业的优质饲料。玉米还是轻工业和医药工业的重要原料。茎叶可以制纤维板、电气绝缘材料和造纸；穗轴和茎秆可加工制造塑料薄膜等；籽粒还可以提取淀粉，制造酒精、葡萄糖或作药品填充剂；玉米淀粉可以制成高果糖浆，甜度比蔗糖和甜菜糖都高，而且生产成本低。

玉米是高光效的碳四（C_4）作物，光呼吸低，光合效率高，增产潜力大。玉米类型多，品种资源丰富，生产上既可以春播，又可以夏播、秋播；既可以实行净作，又可以与多种作物（如豆类、薯类）间作、套作。由此可见，因地制宜发展玉米生产，对增加粮食产量、从事农业和农产品深度开发，都具有十分重要的意义。

二、玉米的形态特征

（一）根

玉米根系属于须根系。根据发生时期和着生部位不同分为初生根、次生根和支持根 3 种。初生根是种子萌发时，种根伸出成主根，1~3 天后又在胚轴下面长出 3~5 条侧胚根，组成初生根系，为幼苗期主要吸收器官。次生根是指由地下茎节上长出的根，为玉米一生的主要根系。一般为 4~6 层，多达 8~9 层。支持根又称气生根。玉米抽穗前从靠近地面上 1~3 节的茎节处发生，一般为 2~3 层。支持根粗壮，分枝多，吸收抗倒能力强，入土后与次生根具有相同的作用。

（二）茎

玉米株高 1~4.5 米，茎秆呈圆筒形，髓部充实而疏松，富含水分和营养物质。玉米茎由节和节间组成，茎节的数目为 12~

22 个，其中茎基部 4~6 节密集在一起，一般生育期越长节数越多，早熟品种节数少。

玉米除上部 4~6 节外，其余叶腋中都能形成腋芽。地上部的腋芽通常只有最上部的 1~2 个能发育成果穗。地下部的腋芽可发育成分蘖，一般不结穗，栽培上要求及早除去。

玉米茎秆长度 2 米以下为矮秆型，2~2.5 米为中秆型，2.5 米以上为高秆型。

(三) 叶

玉米一般全株有叶 15~22 片，不同品种间的叶片数差别较大，一般早熟种 12~16 叶、中熟种 17~20 叶、晚熟种 20 叶以上。玉米叶由叶片、叶鞘和叶舌组成。叶身宽而长，叶缘常呈波浪形。叶鞘厚而坚硬，紧包茎秆，与叶身连接处有叶舌，也有不具有叶舌的变种。玉米某叶露出下位叶环以上且外表可见 1 厘米长时称为可见叶，上下叶环平齐时称为展开叶。

(四) 花

玉米是雌雄同株异花作物，天然杂交率一般在 95%以上，为异花授粉作物。雄穗着生在植株顶端，雄花序由主轴、分枝、小穗和小花组成。每个小穗有两朵雄花，每朵花有 3 个雄蕊，成熟小花花丝伸长，花药散粉，即为开花。雌穗由茎顶往下倒数第 5~7 个节上的腋芽发育而成，受精结实后发育成果穗。果穗着生在穗柄顶端，穗柄是缩短的茎秆，有多个密集的节和节间，每个节上着生一片由变态叶鞘形成的苞叶。雌穗周围成对着生许多无柄雌小穗，每一小穗有两个短而宽的颖片和两朵小花。其中一朵退化，失去受精能力，为不孕小花，果穗上成对排列着小穗花，由于一花退化，一花结实，故果穗行为偶数。小穗花的花柱和柱头细长，合称“花丝”，一般为黄色、浅红或紫红色，其上密生茸毛，能接受花粉。雄穗开花一般比雌穗吐丝早 3~5 天。

（五）果实和种子

玉米的种子也就是植物学上的颖果，颜色有黄、白、紫、红或呈花斑等。生产上栽培的以黄色和白色居多。玉米的种子由种皮、胚乳和胚 3 个主要部分组成，它们分别占种子总质量的 6%～8%、80%～85%和 10%～15%。

种皮位于种子的最外层，主要作用是保护种子。胚乳位于种皮内，是籽粒能量的贮存场所，含有丰富的淀粉等。特用玉米的胚乳成分异于普通玉米，如甜玉米胚乳中可溶性糖分增加，糯玉米胚乳中淀粉全由支链淀粉组成。

胚位于种子一侧的基部，由胚芽、胚轴、胚根、子叶所组成，其实质就是尚未成长的幼小植株。胚芽的外面为胚芽鞘，有保护幼苗出土的作用。胚芽鞘内包裹着几个普通的叶原基和顶端分生组织，将来发育成茎叶。胚的下端为胚根，发芽后形成初生根。

三、玉米的类型

玉米属禾本科玉米属植物，按其籽粒的形态特征、胚乳淀粉的结构和分布，以及稃壳的有无等，可分为以下 7 个类型。

1. 硬粒型

也称硬粒种或燧石种。果穗多为圆锥形，籽粒一般近似圆形，坚硬饱满，有光泽；籽粒顶部及四周的胚乳为角质淀粉，中央有少量粉质淀粉，品质和食味均较好；适应性较强。

2. 马齿型

也称马牙种。果穗多为圆柱形，籽粒较大呈扁长形，仅两侧有少量角质胚乳，顶部和中部均为粉质胚乳，成熟时顶部失水较快，致使顶部凹陷而成马齿状，故称马齿型；食用品质不如硬粒型，但淀粉含量较高，工业价值较大；植株高大，耐肥高产。

3. 半马齿型

又称中间型。籽粒形态和结构介于硬粒型与马齿型之间，是硬粒型与马齿型自然杂交或人工杂交产生的类型。

4. 糯质型

又称蜡质型，四川称之为糯苞谷。籽粒为角质胚乳，水解后黏性大，籽粒暗淡，无光泽似蜡状，可作黏合剂、糯米的代用品。

5. 爆裂型

也称爆裂种，四川俗名炒米苞谷、刺苞谷。果穗、穗轴和籽粒均细小；粒尖有刺，绝大部分为角质胚乳，仅中央有少量的粉质胚乳。加热爆裂成玉米花。

6. 粉质型

又称软粒种或软质种。穗、粒与硬粒型玉米相似，但无光泽；胚乳全为粉质淀粉组成；籽粒呈乳白色，组织松软，易磨粉，是淀粉和酿造工业的优质原料。

7. 甜质型

又称甜玉米。籽粒干燥后表面皱缩、呈透明状，胚乳几乎全为角质淀粉组成，含糖量高，味甜，生产上应用较少，仅作蔬菜和制罐头等。

上述类型中，硬粒型、马齿型、半马齿型 3 个类型的玉米，在栽培上应用广泛，特别是半马齿型玉米最多。

四、玉米的一生

玉米的一生是指从种子萌发到新的种子成熟的整个生长发育过程。按其生育特点，一般划分为以下 3 个主要时期。

1. 苗期（玉米生长前期）

从播种出苗至拔节，主要是生长根和分化茎叶的营养生长阶

段，是奠定玉米丰产基础的重要时期。

2. 穗期（玉米生长中期）

从拔节至抽雄穗，是营养生长和生殖生长同时并进时期，是玉米一生中生长最快的时期，也是决定果穗大小和多少、每穗粒数多少的关键时期。

3. 花粒期（玉米生长后期）

从抽雄至成熟，是决定玉米产量的重要时期。

五、玉米对环境条件的要求

（一）温度

玉米是喜温作物，在不同生长发育时期，均要求较高的温度。玉米种子在 6～8℃ 即可发芽，但速度较慢，10～12℃ 发芽快，生产上常以 5～10 厘米土层温度稳定在 10～12℃ 作为适期早播的温度指标。苗期若遇 -3～-2℃ 的低温，幼苗会受到冻伤，-4℃ 可能会冻死。抽雄开花时，日均温以 24～26℃ 最宜，气温高于 32℃，空气相对湿度低于 30%，会使花粉失水干枯，花丝枯萎，导致授粉不良，缺粒减产。低于 20℃，花药不能正常开裂，影响授粉。在籽粒形成和灌浆期间，日均气温 22～24℃ 最宜，低于 16℃ 或高于 25℃，则酶的活性受影响，光合产物积累和运输受阻，导致灌浆不良。

（二）光照

玉米属短日照、高光效作物。在短日照条件下发育较快，长日照条件下发育缓慢。一般在每天 8～9 小时光照条件下发育提前，生育期缩短；在长日照（18 小时以上）条件下，发育滞后，成熟期略有推迟。玉米不同生育时期对光照时数的要求有差异，播种前到乳熟期为 8～10 小时，乳熟期至完熟期应大于 9 小时。雌穗比雄穗的发育对日照长度要求更严格，许多低纬度的品种引

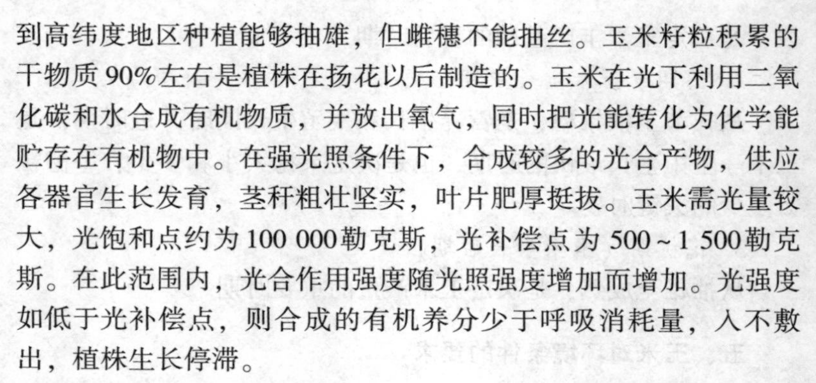

到高纬度地区种植能够抽雄，但雌穗不能抽丝。玉米籽粒积累的干物质90%左右是植株在扬花以后制造的。玉米在光下利用二氧化碳和水合成有机物质，并放出氧气，同时把光能转化为化学能贮存在有机物中。在强光照条件下，合成较多的光合产物，供应各器官生长发育，茎秆粗壮坚实，叶片肥厚挺拔。玉米需光量较大，光饱和点约为100 000勒克斯，光补偿点为500~1 500勒克斯。在此范围内，光合作用强度随光照强度增加而增加。光强度如低于光补偿点，则合成的有机养分少于呼吸消耗量，入不敷出，植株生长停滞。

(三) 水分

玉米喜湿润、怕干旱、忌渍水。在种子萌发时必须吸收其风干重35%~37%的水分才能萌发。苗期玉米需要水少，抗旱力较强。从抽雄前10~15天到籽粒形成期（受精后15天内）是生理需水临界期。这时如干旱缺水，会影响抽穗、开花授粉和受精过程而缺粒、秃顶、空苞。若水分过多，则引起根部早衰。

(四) 土壤

土壤是玉米扎根生长的场所，为植株根系生长发育提供水分、空气及矿物质营养。玉米对土壤酸碱度（pH值）的适应范围为5~8，以6.5~7最适宜。玉米对土壤空气要求比较高，适宜土壤空气容量一般为30%，是小麦的1.5~2倍；土壤空气最适含氧量为10%~15%。因而，土层深厚，结构良好，肥、水、气、热等因素协调的土壤，有利于玉米根系的生长和肥水的吸收，根系发达，植株健壮，高产稳产。据研究，沙壤土、中壤土和壤土容重比黏土低，总空隙度和外毛管孔隙度大，通气性好，玉米根系条数、根干重、单株叶面积、穗粒数和千粒重都是沙壤土居高。

(五) 养分

玉米生长所需的营养元素有20多种，其中氮、磷、钾属于3种

大量元素，钙、镁、硫属于3种中量元素，锌、锰、铜、钼、铁、硼及铝、钴、氯、钠、锡、铅、银、硅、铬、钡、锶等属于微量元素。玉米植株体内所需的多种元素，各具特长，同等重要，彼此制约，相互促进。玉米所需的矿质营养主要来自土壤和肥料，土壤有机质含量及供肥能力与玉米产量密切相关，玉米吸收的矿质营养元素60%~80%来自土壤，20%~40%从当季施用的肥料中吸收。

六、玉米的生长发育特性

（一）种子的萌发

玉米种子萌发生长首先是种子要有生活力，同时还需要一定的环境条件，主要是温度、水分和氧气。种子萌发首先是吸水膨胀，种皮软化。一般土壤田间持水量在60%左右时，就可满足玉米种子萌发的水分需要。玉米种子萌发时需要较多的氧气才能充分分解和转化所含的脂肪。若土壤板结，或水分过多，就会造成通气不良，影响种子萌发。玉米种子萌发的最低温度是6~8℃。在10~12℃时，萌发稳定而安全，故通常以10℃作为玉米生物学上的下限温度，生产上以10~12℃作为玉米开始播种的温度指标。25~35℃是萌发的最适温度。温度超过44~50℃，萌发就严重受阻。

（二）根的生长

玉米的根是纤维状的须根系。按其发生时期、部位和功能的不同，分为初生根、次生根和支持根。

1. 初生根

又称种子根或临时根。种子萌发时，首先从种胚长出一条幼根，即为初生胚根，以后在中胚轴基部又长出3~7条幼根，称为次生胚根或侧胚根，初生胚根和次生胚根组成初生根系。

2. 次生根

又称节根、永久根、不定根。发生在地下密集的茎节上，其层数和每层的根数与品种类型、生育状况和环境条件有关，是玉米一生中的主要吸收根群。

3. 支持根

又称气生根，是玉米拔节以后，靠近地表的地上茎节上发生的几层根，较粗壮，暴露于空气中，表皮角质化，呈紫绿色。

玉米根系生长好坏与土壤疏松程度、含水量和温度有密切关系。土壤疏松，水分含量适宜，温度在20~40℃范围内都能形成发达的根系。玉米一生中，苗期根系生长较快，以根系形成为主；拔节孕穗期已形成强大的根系，吸收供应养分、水分的能力增强，地上部分生长逐渐加快，生长中心逐渐转到以茎叶为主；花粒期根系生长逐渐衰老。

（三）茎的生长

玉米的茎由节和节间组成，通常一株玉米有15~22个节和节间，地上部分一般有8~20个节间伸长，地下密集3~5个不伸长；茎的粗度由基部到顶部逐渐变小，节间长度由基部到顶部逐渐增长。玉米茎（连雄穗）的长度为株高，植株高度因品种和栽培条件不同而有较大的差异，一般为1~4米。生产上将株高2米以下的品种称为矮秆品种，2~2.5米的为中秆品种，2.5米以上的为高秆品种。

玉米茎节除顶部3~7节外，都着生一个腋芽，顶部倒数5~7节位上的腋芽发育形成果穗，果穗以下的腋芽通常处于休眠状态。玉米茎秆各节，早在苗期已分化形成，到拔节时自下而上伸长增粗。一般以全田50%以上植株的第一茎节露出地面1.5~2.5厘米为拔节标志。当雄穗开花后，茎停止生长，植株定形。

（四）叶的生长

玉米的叶着生在茎节上，每节一叶，互生排列。叶由叶鞘、叶片、叶舌三部分组成。叶数的多少因品种和栽培环境而异，一

般早熟种 8~13 片，中熟种 14~18 片，晚熟种 18 片以上。

同一植株上的叶片，基部第一叶最短、最窄，依次向上逐渐增长增宽，到果穗着生节位及其上下各一节位上的叶最宽最长，叶面积最大，通称“穗三叶”，再向上又逐渐变短、变窄。拔节后叶面积逐渐增大，抽穗期和吐丝期的叶面积最大，灌浆至成熟期，叶面积又逐渐变小。

（五）穗的形态结构和分化发育

1. 穗的形态结构

玉米是雌雄同株异形异位的异花授粉作物。

玉米的雄花序，俗称天花，属圆锥花序，着生于茎的顶端。主轴较粗，与茎连接，上部着生 4~11 行成对排列的小穗，中下部着生 15~25 个分枝，分枝上一般着生 2 行成对排列的小穗。在成对小穗中，一个为有柄小穗，位于上方；另一个为无柄小穗，位于下方。每个小穗基部两侧各着生 2 片护颖，包含 2 朵雄小花，每朵雄小花又由 1 片内颖、1 片外颖、3 枚雄蕊和 1 枚退化的雌蕊组成。雄蕊丝很短，顶部着生花药，花药产生花粉。

玉米的雌花序又称雌穗，为肉穗状花序，受精结实后称为果穗。雌穗由茎秆中部腋芽分化发育而成，由穗柄、穗轴、苞叶和雌性小花组成。穗柄是变形缩短的分枝，由节和节间组成，每节上长 1 片由叶鞘退化而成的苞叶。每个果穗有 6~10 片苞叶，包着果穗，具有保护果穗的作用。穗柄顶端着生一个圆柱形的穗轴，穗轴周围着生若干纵向排列的成对无柄小穗，每一小穗有 2 朵小花，其中只有 1 朵小花能结实，另 1 朵退化，所以果穗籽粒行数均为偶数。每朵小花由子房、花丝（花柱）、外颖、内颖组成。

2. 穗的分化发育

玉米雌、雄穗的分化是一个连续而复杂的过程，一般分为生长锥未伸长期、生长锥伸长期、小穗分化期、小花分化期和性器

官形成时期，如图 1-2 所示。

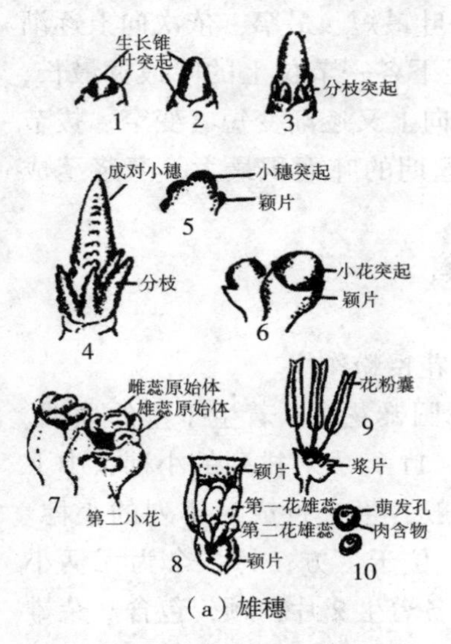

（a）雄穗

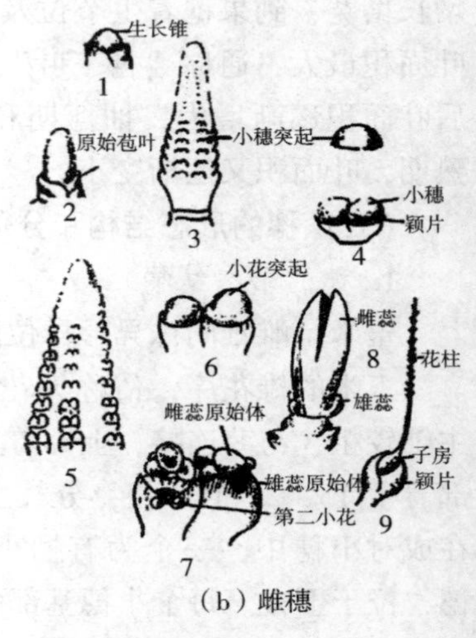

（b）雌穗

（a）雄穗	（b）雌穗
1. 生长锥未伸长；	1. 生长锥未伸长；
2. 生长锥伸长；	2. 生长锥伸长；
3. 小穗开始分化（出现鳞状突起）；	3. 小穗分化；
4. 小穗继续分化；	4. 一对并排的小穗；
5. 一对开始分化的小穗；	5. 小花分化阶段的雌穗；
6. 一对小花开始分化的小穗；	6. 开始小花分化的小穗；
7. 小花分化（形成雌、雄蕊）；	7. 小花分化的小穗（雌、雄蕊原始体形成）；
8. 小花分化（雌蕊退化）；	8. 雄蕊及第二小花退化；
9. 性器官形成（花粉粒形成）；	9. 一朵成熟的小花。
10. 成熟的花粉粒。	

图 1-2　玉米穗的分化

玉米雌、雄穗的分化发育具有一定的内在联系，通常雌穗分化比雄穗晚 7~10 天开始，但由于分化进度快，最后两者几乎同时开花。雌、雄穗分化与植株外部形成有一定的关联性，特别是

与叶片的生长关系较大。可以用叶龄指数和展开叶片数推测穗的分化进程，制订田间管理措施，促进穗的正常分化发育。

（六）开花授粉与籽粒形成

1. 开花授粉

玉米雄穗抽出剑叶后3~5天即开花，顺序是主轴上中部的小花先开，然后向上向下依次开放。全穗开花期为7~11天，盛花期在始花后2~5天，每天以9—11时开花最盛。

发育正常的雄穗可产生大量花粉粒，据测，每个雄穗有2 000~4 000朵小花，可产生1 500万~3 000万个花粉粒。花粉粒的生活力，在一般田间条件下能保持5~6小时。气温在25~28℃，适宜雄穗开花；低于18℃和超过38℃，雄花不开放；气温超过32~35℃，花粉会很快丧失生活力。雌穗花丝抽出苞叶为开花，也称吐丝。

雌穗开花一般比雄穗晚2~5天，每个雌穗开花的全过程为4~5天，以第3天吐丝最多。花丝抽出的顺序是果穗近基部1/3处最先吐丝，然后向上向下同时进行，顶部抽出最晚。花丝抽出后即有受精能力，一经传粉受精，不再伸长。如未授粉，可以继续伸长达50厘米左右。

2. 籽粒的形成与发育

玉米授粉后约经过24小时完成受精，开始籽粒的形成和发育。受精后8~10天形成原胚，以后开始分化胚根、胚轴、胚芽等部位，25天后各部分的分化基本完成，到35~40天达到正常大小。在胚发育的同时，分化形成胚乳细胞，并逐渐积累淀粉，最后形成充实的种子。

玉米授粉后15天左右，主要是果穗变粗，籽粒增大，胚已初具雏形，籽粒外形基本形成，水分充满整个种子，干物质积累很少，称为籽粒形成期。授粉后15~30天，是种子干重增加最快的时期，叶片光合产物和原储藏于茎叶的光合产物，大量运转到籽粒中储藏，淀粉积累逐渐增加，水分减少，到胚乳内含物变为乳白色浆汁，含水量达70%左右时为乳熟期。乳熟期后10~15天，种子失水加快，干物质积累继续增加，含水量降至48%左右时为蜡熟期。蜡熟期后，籽粒含水量再减少到18%~25%时，为完熟期，此时籽粒干重不再增加。

第二章　大豆玉米带状间作复合种植技术基础

第一节　大豆玉米带状间作复合种植技术的内涵

一、大豆玉米带状间作复合种植技术的概念

大豆玉米带状间作复合种植技术是在传统间作基础上创新发展而来，采用玉米带与大豆带间作复合种植，让高位作物玉米株具有边行优势，扩大低位作物大豆受光空间，实现玉米带和大豆带年际间地内轮作，又适于机播、机管、机收等机械作业，在同一地块实现大豆玉米和谐共生、一季双收，是稳玉米、扩大豆的一项重要种植模式。

二、大豆玉米带状间作复合种植技术的特点

与常规技术相比，大豆玉米带状间作复合种植技术具有高产出、可持续、低风险、机械化等特点。

（一）高产出

大豆玉米带状间作复合种植技术通过高秆作物与矮秆作物、碳三作物与碳四作物、养地作物与耗地作物搭配，复合系统光能利用率达到 4.05 克/兆焦；应用该技术后的玉米产量与当地单作产量水平相当，新增带状间作大豆 100～130 千克/亩（1 亩≈667

平方米）；玉米籽粒品质与单作相当，大豆籽粒的蛋白质和脂肪含量与单作相当，异黄酮等功能性成分提高20%以上；亩增产值400~600元。既增加农民收入，又在不减少粮食产量的前提下增加优质食用大豆供给。

（二）可持续

大豆玉米带状间作复合种植技术根据复合种植系统中玉米、大豆需氮特性，玉米带与大豆带年际间交换轮作，研制了专用缓释肥与播种机，优化了施肥方式与施肥量，一次性完成播种与施肥作业，每亩减施纯氮4千克以上。根据带状复合种植系统的病虫草发生特点，提出了“一施多治、一具多诱、封定结合”的防控策略，研发了广谱生防菌剂、复配种子包衣剂、单波段LED诱虫灯结合性诱剂、可降解多色诱虫板、高效低毒农药及增效剂等综合防控产品，创制了播前封闭除草、苗期茎叶分带定向喷药相结合的化学除草新技术，降低农药施用量。

（三）低风险

大豆玉米带状间作复合种植将高秆的禾本科与矮秆的豆科组合一起，互补功能对抵御自然风险具有独特的作用，特别是在耐旱、耐瘠薄、抗风灾上显示出突出效果。相对单作玉米或大豆，带状复合种植后作物根系构型发生重塑，既增强了根系对养分的吸收，又增强植株的耐旱能力；行向与风向一致，宽的大豆带有利于风的流动，玉米倒伏降低；有效弥补了单一玉米或单一大豆种植因其价格波动带来的增产不增收问题。

（四）机械化

大豆玉米带状复合种植技术通过宽窄行配置，有效实现了播种、田间管理、收割等环节的机械化，大大提高作业效率、减少劳动投入，既适用于农户经营，又有利于标准化及规模化生产的合作社及家庭农场经营。

第二节　大豆玉米带状间作复合种植模式

根据品种不同、土壤条件、天气因素等，大豆玉米带状间作复合种植有多种模式，如常见的有 3+2 模式、4+2 模式、6+2 模式、8+2 模式、4+3 模式、6+3 模式、8+3 模式等。

一、3+2 间作种植模式

（一）模式简介

带宽 230 厘米；大豆 3 行，行距 30 厘米；玉米 2 行，行距 40 厘米；大豆与玉米间距 65 厘米（图 2–1）。

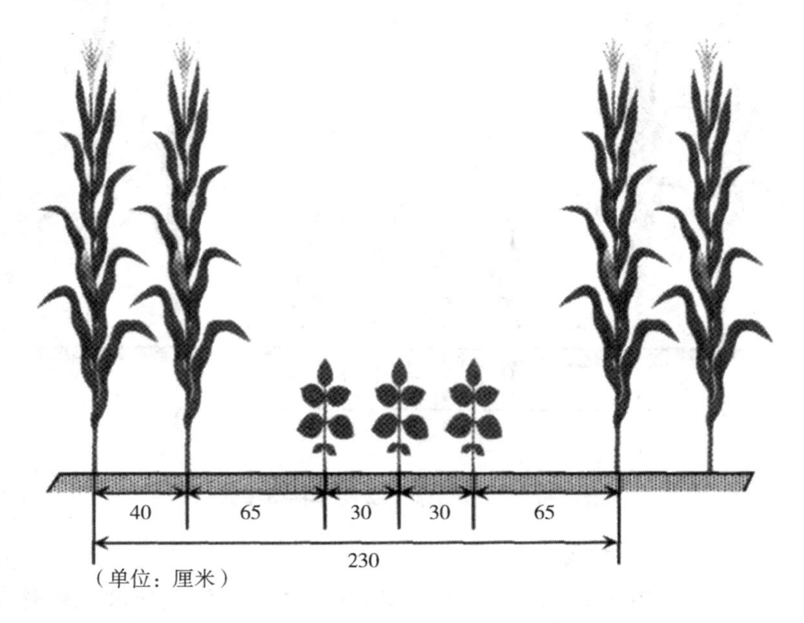

图 2–1　大豆玉米 3+2 间作种植模式

（二）播种机械

可选用 2BMZJ-5 型大豆玉米间作施肥播种机，大豆、玉米同时进行播种。

二、4+2 间作种植模式

（一）模式简介

带宽 260 厘米；大豆 4 行，行距 30 厘米；玉米 2 行，行距 40 厘米；大豆与玉米间距 65 厘米（图 2-2）。

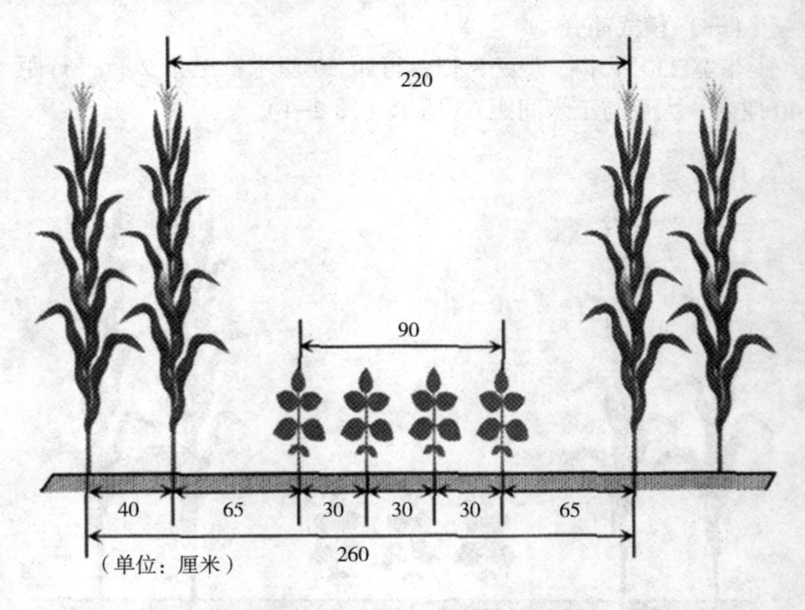

图 2-2　大豆玉米 4+2 间作种植模式

（二）播种机械

可选用 2BMZJ-6、2BMFJ-PBJZ6 型大豆玉米间作施肥播种机，大豆、玉米同时播种。

三、6+2 间作种植模式

（一）模式简介

带宽 360~420 厘米；大豆 6 行，行距 40~50 厘米；玉米 2 行，行距 40 厘米；大豆与玉米间距 60~65 厘米（图 2-3）。

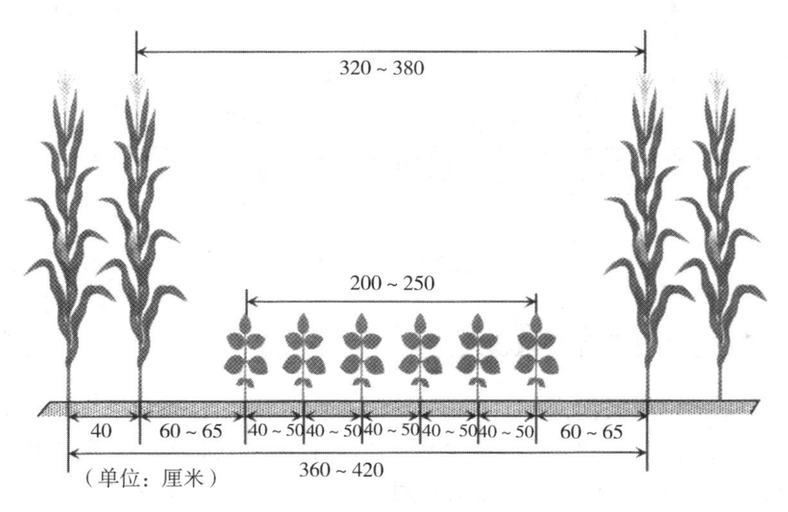

图 2-3　大豆玉米 6+2 间作种植模式

（二）播种机械

选用两台机械分别播种，先播种玉米，再播种大豆。

四、8+2 间作种植模式

（一）模式简介

带宽 440~520 厘米；大豆 8 行，行距 40~50 厘米；玉米 2 行，行距 40 厘米；大豆与玉米间距 60~65 厘米（图 2-4）。

（二）播种机械

选用两台机械分别播种，先播种玉米，再播种大豆。

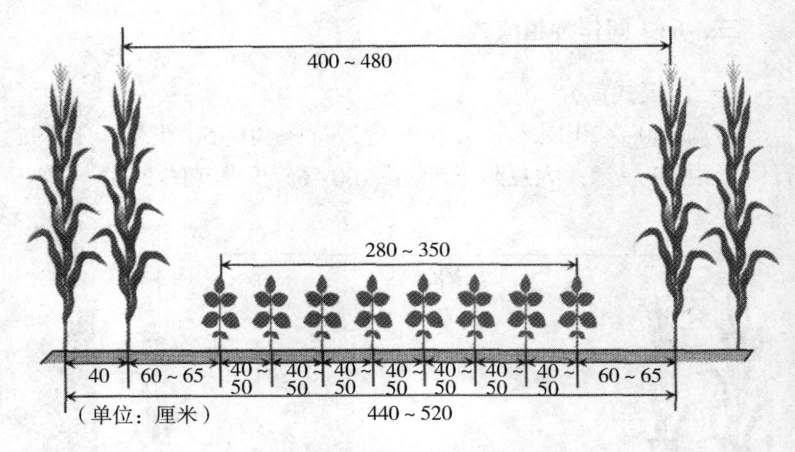

图 2-4　大豆玉米 8+2 间作种植模式

五、4+3 间作种植模式

（一）模式简介

带宽 340～370 厘米；大豆 4 行，行距 40 厘米；玉米 3 行，行距 50～60 厘米；大豆与玉米间距 60～65 厘米（图 2-5）。

（二）播种机械

选用两台机械分别播种，先播种玉米，再播种大豆。

六、6+3 间作种植模式

（一）模式简介

带宽 420～500 厘米；大豆 6 行，行距 40～50 厘米；玉米 3 行，行距 50～60 厘米；大豆与玉米间距 60～65 厘米（图 2-6）。

（二）播种机械

选用两台机械分别播种，先播种玉米，再播种大豆。

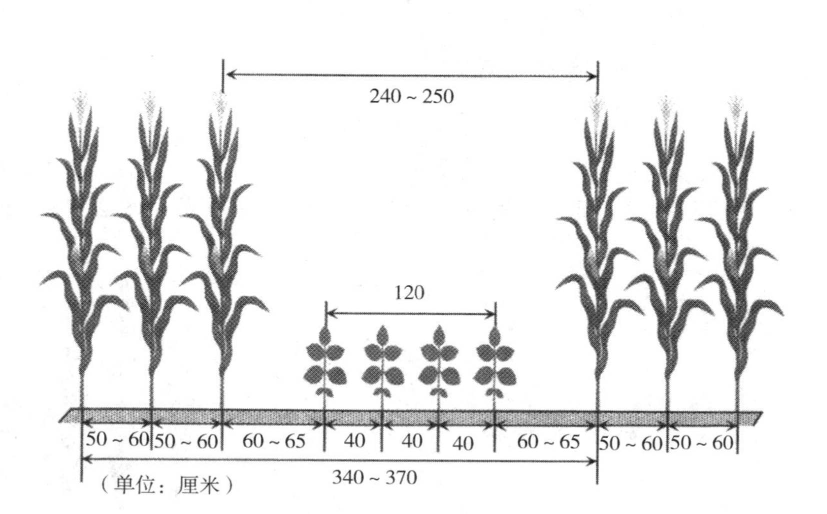

图 2-5　大豆玉米 4+3 间作种植模式

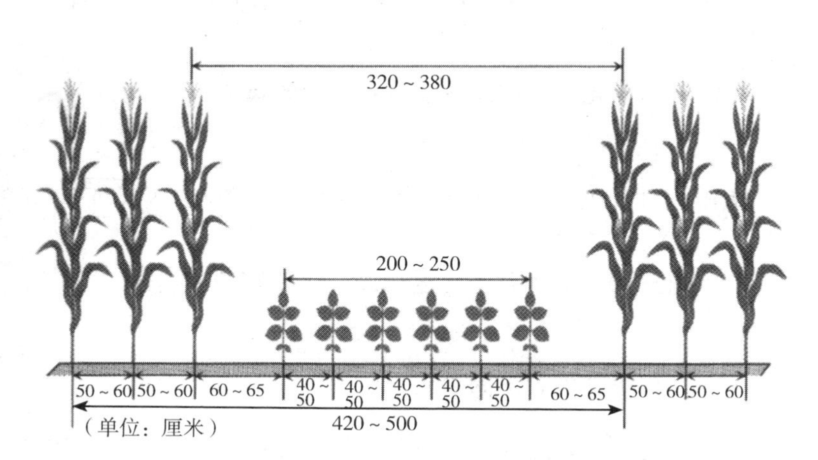

图 2-6　大豆玉米 6+3 间作种植模式

七、8+3 间作种植模式

（一）模式简介

带宽 500~600 厘米；大豆 8 行，行距 40~50 厘米；玉米 3 行，行距 50~60 厘米；大豆与玉米间距 60~65 厘米（图 2-7）。

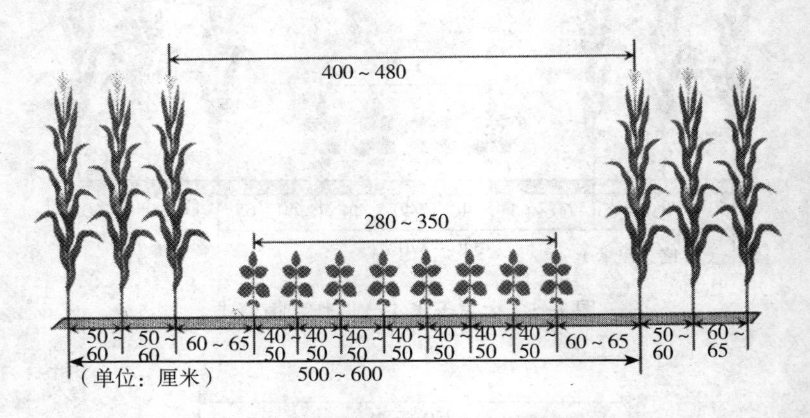

图 2-7 大豆玉米 8+3 间作种植模式

（二）播种机械

选用两台机械分别播种，先播种玉米，再播种大豆。

第三节 与传统大豆玉米间作技术的区别

一、田间配置方式不同

田间配置方式的区别主要表现在下列方面：一是带状间作复合种植一般采用 2~4 行玉米：2~6 行大豆行比配置，年际间实行带间轮作；而传统间作多采用单行间作、1 行：2 行或多行：多行的行比配置，作物间无法实现年际间带间轮作。二是带状间作复

合种植的两个作物带间距大、作物带内行距小，降低了高位作物对低位作物的荫蔽影响，有利于增大复合群体总密度；而传统间作的作物带间距与带内行距相同，高位作物对低位作物的负面影响大，复合群体密度增大难。三是带状间作复合种植的株距小，两行高位作物玉米带的株距要缩小至保证复合种植玉米的密度与单作相当，以保证与单作玉米产量相当，而大豆要缩小至达到单作种植密度的 70%～100%，以多收一季大豆；而传统间作模式都采用同等大豆行数替换同等玉米行数，株距也与单作株距一样，使得一个作物的密度与单作密度相比成比例降低甚至仅有单作的一半，产量不能达到单作水平，间作的优势不明显。

二、土地产出目标不同

间作的最大优势就是提高土地产出率，大豆玉米带状间作复合种植本着共生作物和谐相处、协同增产的目的，玉米不减产，多收一季大豆。大豆、玉米的各项农事操作协同进行，最大限度减少单一作物的农事操作环节，增加成本少、产生利润多，投入产出比高。该模式不仅利用了豆科与禾本科作物间作的根瘤固氮培肥地力，还通过优化田间配置，充分发挥玉米的边行优势，降低种间竞争，提升玉米、大豆种间协同功能，使其资源利用率大大提高，系统生产能力显著提高，复合种植系统下单一作物的土地当量比均大于 1 或接近 1，系统土地当量比在 1.4 以上，甚至大于 2；传统间作偏向当地优势作物生产能力的发挥，另一个作物的功能以培肥地力或填闲为主，生产能力较低，其产量远低于当地单作生产水平，系统的土地当量比仅为 1.0～1.2。

三、机械化程度不同、机具参数不同

大豆玉米带状间作复合种植通过扩大同一作物带间宽度和播

种、收割机具机身宽度，大大提高了机具作业通过性，使其达到全程机械化，不仅生产效率接近单作，而且降低了间作复杂程度，有利于标准化生产。传统间作受不规范行比影响，生产粗放、效率低，要么因1行∶1行（或多行）条件下行距过小或带距过窄无法机收；要么因提高机具作业性能而设计的多行∶多行，导致作业单元宽度过大，间作的边际优势与补偿效应得不到发挥，限制了土地产出功能，土地当量比只有1~1.2（1亩地产出了1~1.2亩地的粮食），甚至小于1。大豆玉米带状间作复合种植的作业机具为实现独立收获与协同播种施肥作业，机具参数有特定要求。一是某一作物收获机的整机宽度要小于共生作物相邻带间距离，以确保该作物收获时顺畅通过；二是播种机具有2个玉米单体，且单体间距离不变，根据区域生态和生产特点的不同调整玉米株距、大豆行数和株距，尤其是必须满足技术要求的最小行距和最小株距；三是根据玉米、大豆需肥量的差异和玉米小株距，播种机的玉米肥箱要大、下肥量要多，大豆肥箱要小、下肥量要少。

第四节　大豆玉米带状间作复合种植的意义

一、促进农业种植结构调整

新形势下，我国农业的主要矛盾已经由总量不足转变为结构性过剩，主要表现为阶段性、结构性的供过于求与供给不足并存。粮食生产作为国家战略产业，是人民生存和国家发展的基础条件。我国农业长期习惯于“藏粮于仓、藏粮于民、以丰补歉”的策略，耕地占补质量严重不平衡，耕地总体质量下降，致使粮食生产能力不足，只有尽可能扩大粮食播种面积和提高单产，利

用丰年的节余弥补歉年的不足。但这影响了其他作物的发展和农民收入的增加，特别是不能保证我国的粮食安全。因此，依据我国粮食生产连续多年丰收、库存高企的实际情况，为推进供给侧结构性改革、转变粮食生产方式，深入实施藏粮于地、藏粮于技战略，科学合理调整作物种植结构，是当前和今后一个时期农业农村经济发展的重要内容。种植结构是农业生产的基础结构，经济新常态下需要进行农业供给侧结构性改革，应重点加快优化调整种植业结构，推动种植业转型升级，促进现代农业可持续发展。

大豆供需缺口巨大是困扰国家粮油安全的卡脖子难题，高产出与可持续的冲突是我国农业面临的重大挑战。发展大豆玉米带状复合种植是破解耕地资源约束、挖掘潜力提升大豆产能的重要途径。大豆玉米带状复合种植技术是一种新型植物栽培技术，可以充分利用两种作物的优势，有效改善种植条件，提高作物产量，保护生态环境，降低农药用量，节能减排，有利于提高农业经济效益。

二、加快农业增效农民增收

间作尤其是禾本科与豆科间作，具有充分利用环境资源和提高作物产量的特点，在我国传统农业中占有重要地位。玉米和大豆是一对黄金搭档，优势互补明显。玉米喜光喜温，是典型的高光效碳四作物，光饱和点高，光补偿点低；大豆是碳三作物，较耐阴。大豆玉米间作种植能有效改善田间的通风透光条件，提高土地生产率和光、肥利用率，使土地当量比达到 1.3 以上，光能利用率达 3%以上。同时，大豆玉米间作种植能提高作物抵御自然灾害的能力，尤其是抗旱、抗风能力，减轻了玉米倒伏，有利于机械化收获。同时玉米为大豆充当了防风带，使田间空气湿度增大，水分蒸发量减少，提高了大豆抗旱能力。

玉米和大豆是同季作物，适合在黄淮海地区夏播间作种植。近年来全国各地特别是黄淮海地区的大面积示范推广，大豆玉米间作配套栽培技术逐渐完善熟化，大豆玉米间作种植比玉米、大豆单作，均增产增效显著，提高了新型农业经营主体负责人、新型职业农民和种植户的积极性，示范带动了周边地区的农业生产，促进了当地的种植结构调整。同时有国家相关政策的支持扶持，促进了农业增效和农民增收。

三、有利于农业可持续发展

间作种植一直是我国传统农业的精髓，在西北光热资源两季不足、一季有余的一熟制地区大面积分布。相对于单一种植模式，间作种植能够增加农田生物多样性和作物产量，提高生产力的稳定性和耕地复种指数，高效利用光、热、水分和养分等资源，提高作物抗倒伏能力和防止水土流失，减少化肥和农药的施用，减轻病虫为害并抑制杂草生长，投资风险小且产值稳定，能使单位面积土地获得最大的生态效益和经济效益。因此，间作模式在我国农业生产中占有重要地位。

禾本科作物与豆科作物间作种植体系是我国传统农业中的重要组成部分，它能够充分利用豆科作物的共生固氮作用，使间作优势更加明显。大豆玉米间作种植模式有利于实现玉米和大豆共生群体的高产高效，进一步提高有限耕地的复种指数，提高间作大豆的整体生产水平，全面实现增收增效。大豆玉米间作种植，既能给农民带来较高的经济效益和生态效益，又能为现代畜牧业的发展提供优质饲料，从而促进农业和畜牧业的协调、稳定、可持续发展，因此，大豆玉米间作种植模式对高效利用环境资源、发展可持续生态农业具有重要的意义。

四、助力乡村大豆产业振兴

2017 年，党的十九大提出乡村振兴战略。2018 年，中共中央、国务院发布的《关于实施乡村振兴战略的意见》中指出，乡村振兴，产业兴旺是重点。乡村产业振兴要以农业供给侧结构性改革为主线，加快构建现代农业产业体系、生产体系、经营体系，提高农业创新力、竞争力和全要素生产率，深入推进农业绿色化、优质化、特色化、品牌化，调整优化农业生产力布局，推动农业由增产导向转向提质导向。构建农村一二三产业融合发展体系，大力开发农业多种功能，延长产业链，提升价值链，完善利益链，重点解决农产品销售中的突出问题。最终实现节本增效、提质增效、绿色高效，提高农民的种植积极性，促进农民增收，助力乡村振兴。

目前，大豆玉米间作复合种植技术，以其良好的增产增收及种养结合效果，成为国家转变农业发展方式、实施乡村振兴战略的重要技术储备，为解决我国粮食主产区玉米和大豆争地问题，实现玉米和大豆双丰收，提高我国大豆供给能力和粮食综合生产能力，保障我国粮油安全和农业可持续发展，找到了新的增长点，也为乡村大豆产业振兴提供了新动能。

第三章 大豆玉米带状间作复合种植播种技术

第一节 品种选配

大豆玉米间作种植要实现高产高效，需要选择适宜当地种植并且适宜间作的玉米、大豆品种。玉米要选用株型紧凑、抗倒伏、耐密植、适宜机械化收获的高产品种，大豆要选用耐阴、耐密、抗倒的早中熟品种。

一、品种选配的参数

大豆玉米带状间作复合种植技术目标是保证玉米与单作玉米相比尽量不减产，增收一季大豆，实现大豆玉米双丰收。按照此要求，遵循“高位（玉米）主体，高（玉米）低（大豆）协同”的品种选配原理，通过多年多生态点的大田试验，明确了宜带状间作复合种植的大豆玉米品种选配参数。

（一）大豆品种选配参数

在带状间作复合种植系统中，光环境直接影响低位作物大豆器官生长和产量形成。适宜带状间作复合种植的大豆品种的基本特征是产量高、耐阴抗倒，有限或亚有限结荚型习性的品种。在带状间作系统中，大豆成熟期单株有效荚数不低于该品种单作荚数的50%，单株粒数50粒以上，单株粒重10克以上，株高55～

100 厘米、茎粗 5.7~7.8 毫米，抗倒能力强的中早熟大豆品种。

（二）玉米品种选配参数

生产中推荐的高产玉米品种，通过带状间作复合种植后有两种表现：一是产量与其单作种植差异不大，边际优势突出，对带状间作复合种植表现为较好的适宜性；二是产量明显下降，与其单作种植相比，下降幅度达 20%以上，此类品种不适宜带状间作复合种植密植栽培环境。宜带状间作复合种植的玉米品种应为紧凑型、半紧凑型品种，中上部各层叶片与主茎的夹角、株高、穗位高、叶面积指数等指标的特征值应为：穗上部叶片与主茎的夹角为 21°~23°，棒三叶叶夹角为 26°左右，棒三叶以下三叶夹角为 27°~32°；株高 260~280 厘米、穗位高 95~115 厘米；生育期内最大叶面积指数为 4.6~6.0，成熟期叶面积指数维持在 2.9~4.7。

二、不同区域的品种选择

（一）黄淮海带状间作区品种选择

黄淮海带状间作区包括河北、山东、山西、河南、安徽、江苏等大豆玉米产区，以麦后接茬夏大豆夏玉米带状间作复合种植为主，从用途上主要有粒用和青贮两类。大豆品种可选用石 936、齐黄 34、郑 1307 等，玉米品种可选农大 372、良玉 DF21、豫单 9953、纪元 128、安农 591 等。

（二）西北和东北带状间作区品种选择

西北和东北带状间作区包括甘肃、宁夏、陕西、新疆、内蒙古等大豆玉米产区，该区域无霜期短，以一季春玉米为主，采用春玉米春大豆带状复合种植技术，从用途上主要有粒用、青贮两类。大豆品种可选用中黄 30、吉育 441、中黄 318、中黄 322 等，玉米品种可选用金穗 3 号、正德 305、先玉 335 等。

（三）西南带状间作区品种选择

西南带状间作区主要包括四川盆地、云南、贵州、广西等大豆玉米产区，气候类型复杂多样，玉米适种期长，春玉米和夏玉米播种面积各占一半左右。春玉米可与春大豆带状间作，主要分布在贵州、云南，也可与夏大豆带状套作，主要分布在四川盆地、广西和云南南部；夏玉米可与夏大豆带状间作。

目前适宜该区域并大面积应用的玉米品种主要有荣玉 1210、仲玉 3 号、荃玉 9 号、黔单 988；春大豆品种有川豆 16、黔豆 7 号、滇豆 7，夏大豆品种有贡秋豆 8 号、南豆 12、桂夏 3 号及适宜的地方品种。鲜食玉米鲜食大豆带状复合种植可根据市场需求，鲜食玉米选用荣玉甜 9 号、荣玉糯 1 号等，鲜食大豆选用川鲜豆 1 号、川鲜豆 2 号等。青贮玉米青贮大豆带状复合种植，选择熟期较一致、粮饲兼用的大豆玉米高产品种，玉米品种可选用正红 505、雅玉青贮 8 号等，青贮大豆可选用南夏豆 25 等。

三、适宜品种介绍

（一）黄淮海带状间作区适宜品种

1. 大豆品种

（1）石 936。

特征特性：黄淮海夏大豆高油型品种，生育期平均 99 天，比对照冀豆 12 早熟 1 天。株型收敛，亚有限结荚习性。株高 75. 1 厘米，主茎 15. 4 节，有效分枝 1. 6 个，底荚高度 14. 4 厘米，单株有效荚数 29. 1 个，单株粒数 77. 5 粒，单株粒重 17. 5 克，百粒重 20. 5 克。叶卵圆形，紫花，灰毛。籽粒椭圆形，种皮黄色、微光，种脐褐色。接种鉴定：中感花叶病毒病 3 号株系，中感花叶病毒病 7 号株系，高感孢囊线虫病 2 号生理小种。籽粒粗蛋白含量 39. 96%，粗脂肪含量 21. 58%。

产量表现：2019—2020 年参加黄淮海夏大豆北片区域试验，两年平均亩产 203.6 千克，比对照冀豆 12 增产 2.9%。2021 年生产试验，平均亩产 230.1 千克，比对照冀豆 12 增产 10.8%。

栽培要点：适时播种，6 月上旬至 7 月上旬均可播种，最适播种期为 6 月中旬。高肥力地块 1.3 万株/亩，中等肥力地块 1.5 万株/亩，低肥力地块 1.8 万株/亩。注意施足底肥，特别是磷钾复合肥，开花期可亩追施尿素 10 千克。

（2）齐黄 34。

特征特性：热带亚热带春大豆高蛋白/高油型品种，生育期平均 98.0 天，比对照华春 2 号早熟 1.0 天。株型收敛，有限结荚习性。株高 41.5 厘米，主茎 9.7 节，有效分枝 1.0 个，底荚高度 7.4 厘米，单株有效荚数 26.0 个，单株粒数 52.0 粒，单株粒重 12.9 克，百粒重 27.8 克。叶卵圆形，白花，棕毛。籽粒椭圆形，种皮黄色、微光，种脐黑色。接种鉴定：抗花叶病毒病 15 号株系，抗花叶病毒病 18 号株系，感炭疽病。籽粒粗蛋白含量 45.00%，粗脂肪含量 22.45%。

产量表现：2019—2021 年参加热带亚热带地区春大豆区域试验，两年平均亩产 149.5 千克，比对照华春 2 号增产 3.3%。2021 年生产试验，平均亩产 149.0 千克，比对照华春 2 号增产 3.2%。

栽培要点：适时播种，一般 2 月中下旬至 4 月上旬播种，条播行距 40 厘米、株距 10 厘米。适宜种植密度，2.2 万株/亩。高地块肥力不需要施肥，中等肥力地块亩施氮磷钾三元复合肥 5~10 千克，低肥力地块亩施尿素 5~6 千克、重过磷酸钙 30~40 千克、硫酸钾 40 千克。鼓粒期注意防治点蜂缘蝽，收获期避开降雨收获。

（3）郑 1307。

特征特性：黄淮海夏大豆普通型品种，生育期平均 108 天，比对照齐黄 34 晚熟 4 天。株型收敛，有限结荚习性。株高 81.4 厘米，主茎 17.2 节，有效分枝 2.3 个，底荚高度 17.9 厘米，单株有效荚数 57.6 个，单株粒数 123.0 粒，单株粒重 23.8 克，百粒重 19.8 克。叶卵圆形，紫花，灰毛。籽粒圆形，种皮黄色、微光，种脐褐色。接种鉴定：抗花叶病毒病 3 号株系，抗花叶病毒病 7 号株系，高感孢囊线虫病 2 号生理小种。籽粒粗蛋白含量 40.81%，粗脂肪含量 19.58%。

产量表现：2020—2021 年参加黄淮海夏大豆中片区域试验，两年平均亩产 228.1 千克，比对照齐黄 34 增产 9.2%。2021 年生产试验，平均亩产 229.5 千克，比对照齐黄 34 增产 11.5%。

栽培要点：6 月上中旬播种，行距 40 厘米，株距 10~13 厘米。种植密度 1.3 万~1.5 万株/亩。亩施氮磷钾复合肥 15~20 千克，注意防治飞虱、点蜂缘蝽等刺吸式害虫。

2. 玉米品种

(1) 农大 372。

特征特性：幼苗叶鞘浅紫色。成株株型紧凑，株高 294 厘米，穗位 113 厘米。生育期 127 天左右。雄穗分枝 9~12 个，花药浅紫色，花丝绿色。果穗筒形，穗轴红色，穗长 20.7 厘米，穗行数 14~16 行，秃尖 0.9 厘米。籽粒黄色，半马齿型，千粒重 400.2 克，出籽率 86.5%。品质：2017 年河北省农作物品种品质检测中心测定，容重 757 克/升，粗淀粉（干基）73.27%，粗蛋白质（干基）9.24%，粗脂肪（干基）3.37%，赖氨酸（干基）0.25%。抗病性：吉林省农业科学院植物保护研究所鉴定，2016 年，高抗茎腐病，抗大斑病、弯孢叶斑病、玉米螟，感丝黑穗病；2017 年，抗茎腐病、玉米螟，中抗大斑病，感弯孢叶斑病、丝黑穗病。

产量表现：2016 年河北省北部春播组区域试验，平均亩产

777.6 千克；2017 年同组区域试验，平均亩产 763.4 千克。2018 年生产试验，平均亩产 719.2 千克。

栽培要点：适宜播期为 4 月 20 日至 5 月 10 日，适宜密度为 3 500～4 000株/亩。亩施磷酸二铵 15 千克、三元复合肥 10 千克作底肥，拔节期亩追施尿素 25 千克。播后用除草剂封闭或中耕除草两次，注意防旱排涝，大喇叭口期注意防治玉米螟。适时收获。

（2）良玉 DF21。

特征特性：出苗至成熟 131 天，比对照郑单 958 早 1 天。幼苗叶鞘深紫色，叶片绿色。颖壳绿紫色，雄穗一级分枝 3～5 个，花药紫色，花丝浅紫色，茎绿色。株型半紧凑，株高 322 厘米，穗位高 131 厘米，成株叶片数 22。果穗筒形，穗轴红色，穗长 19.5 厘米，穗粗 4.7 厘米，秃尖 0.3 厘米，穗行数 16～18，行粒数 38.9，单穗粒重 220.4 克，出籽率 83.1%。籽粒黄色、马齿型，百粒重 33.8 克。接种鉴定：中抗大斑病（5MR）、弯孢叶斑病（5MR）、丝黑穗病（5.4%MR）、茎腐病（14.8%MR），抗玉米螟（3.9R）。籽粒含粗蛋白 9.95%，粗脂肪 3.26%，粗淀粉 75.06%，赖氨酸 0.25%。该品种为高淀粉玉米品种。

产量表现：2015 年参加晚熟组预备试验，平均亩产 988.8 千克，比对照增产 10.5%；2016 年参加晚熟组区域试验，平均亩产 886.1 千克，比组均值增产 6.3%；2017 年参加晚熟组生产试验，平均亩产 899.8 千克，比对照增产 5.1%。

栽培要点：4 月下旬至 5 月上旬视土壤墒情进行播种；建议保苗密度4 000～4 500株/亩；亩施农家肥2 000～3 000千克、玉米专用肥 50 千克作底肥（注意种、肥隔离），或复合肥 25 千克/亩、磷酸二铵 5 千克/亩作种肥，拔节期亩追施尿素 25～30 千克；播种时拌种，防治地下害虫。

（3）豫单9953。

特征特性：黄淮海夏玉米机收组出苗至成熟101天，比对照郑单958早熟2.5天。幼苗叶鞘紫色，叶片绿色，叶缘绿色，花药浅紫色，颖壳浅紫色。株型紧凑，株高255.5厘米，穗位高88厘米，成株叶片数19片。果穗筒形，穗长16.9厘米，穗行数16~18行，穗粗5.2厘米，穗轴红，籽粒黄色、半马齿型，百粒重32.6克。适收期籽粒含水量25.95%，适收期籽粒含水量（≤28点次比例）79%，适收期籽粒含水量（≤30点次比例）92%，抗倒性（倒伏倒折率之和≤5.0%）达标点比例86%，籽粒破碎率为4.85%。接种鉴定：中抗茎腐病、小斑病，感穗腐病、弯孢叶斑病、南方锈病，高感粗缩病、瘤黑粉病，品质分析：籽粒容重763克/升，粗蛋白含量11.85%，粗脂肪含量4.57%，粗淀粉含量72.31%，赖氨酸含量0.29%。

产量表现：2016—2017年参加黄淮海夏玉米机收组区域试验，两年平均亩产556.4千克，比对照郑单958增产4.2%。2017年生产试验，平均亩产583.5千克，比对照郑单958增产5.5%。2016—2017年参加黄淮海夏玉米组区域试验，两年平均亩产682.9千克，比对照郑单958增产5.78%。2017年生产试验，平均亩产670.69千克，比对照郑单958增产6.60%。

栽培要点：中上等肥力地块种植，可采用等行距或宽窄行种植；麦收后要抢时早播；种植密度5 000株/亩。苗期注意蹲苗，保证充足的肥料供应，并注意氮、磷、钾配合使用；籽粒乳腺消失后收获。

（4）纪元128。

特征特性：生育期夏播101天。叶鞘红色，株型半紧凑，全株叶片21~22片，株高250厘米，穗位95厘米。雄穗分枝多。雌穗花丝粉红色，果穗筒形。穗长20.3厘米，穗粗5.20厘米。

穗行数14~16行，籽粒黄色，粒型半硬，千粒重400克，出籽率87%。2006年经河北省农作物品种品质检测中心测定：粗蛋白8.09%，赖氨酸0.29%，粗脂肪3.42%，粗淀粉71.01%。2004年经河北省农林科学院植物保护研究所抗病鉴定：高抗小斑病、矮花叶病，中抗弯孢菌叶斑病、瘤黑粉病，高感茎腐病，中抗玉米螟、大斑病。2008年经天津市农业科学院植物保护研究所鉴定：抗大斑病（6.7%），中抗小斑病（13.5%）、黑粉病（17.2%），高感弯孢菌叶斑病（74.8%），感茎基腐病（37.8%）。

产量表现：2008年参加夏玉米引种试验，4个点平均亩产597.3千克，较对照纪元1号增产7.4%，居13个品种第四位。

栽培要点：5厘米地温稳定在≥10℃以上时播种，种植密度3 500~4 000株/亩。底肥添加磷肥，追肥在9叶期和大喇叭口期等量施用，总量折合25~30千克/亩尿素，其他管理同常规。

（5）安农591。

特征特性：幼苗叶鞘紫色，株型半紧凑，成株叶片数19~20片叶，叶片分布稀疏，叶色浓绿。雄穗分枝中等，花药黄色。籽粒黄色硬粒型，穗轴白色。2017年在浙江临安、仙居、磐安、嵊州、江山5个试点引种试种，该品种平均株高261.5厘米，穗位高103.3厘米，穗长21.5厘米，穗粗4.9厘米，秃顶0.6厘米，穗行数15.8，行粒数40.6厘米，出籽率88.4%，千粒重305.3厘米。2017年经浙江省东阳玉米研究所接种鉴定，抗大斑病、小斑病，感纹枯病，高抗茎腐病，试验中抗病性好，没有倒伏发生。全生育期102.2天，比对照品种郑单958长3.2天。

产量表现：2017年在浙江临安、仙居、磐安、嵊州、江山等引种适应性试验，平均亩产512.6千克，比对照郑单958增产12.1%。

栽培要点：适期播种，春玉米4月上中旬播种，夏秋玉米6月中下旬至7月上中旬播种为宜。该品种株型半紧凑，宜适当稀植，密度60厘米×33厘米，一般亩栽3 300株左右为宜。苗期防治地虫为害，大喇叭口期用高效低毒农药防治玉米螟，其他参照常规栽培。

（6）良玉99。

特征特性：耐密品种，生育期129天，株高273厘米，穗位106厘米，株型紧凑。果穗粗筒形，穗长17.6厘米，穗行数18行，籽粒黄色，马齿型，百粒重32.6克，穗轴红色。果穗均匀，里外一致，无空秆，不突尖。米质好、籽粒容重760克/升。人工接种鉴定：抗弯孢叶斑病，中抗青枯病（茎腐病）、丝黑穗病和大斑病，抗倒伏能力强。

产量表现：一般亩产700~900千克，高产地块可达1 100千克以上，比郑单958增产15%~20%。

栽培要点：4月下旬至5月上旬播种，选用中等肥力以上地块种植，适宜种植密度4 500株/亩，高产地块可达5 000株/亩。适宜大垄双行、二比空、膜下滴灌等多种高产栽培方式种植。该品种属高产、高效、优质品种，可实施机械化精量播种、机械化收割。

（7）京科968。

特征特性：中晚熟品种，生育期128天左右。幼苗叶鞘淡紫色，叶片绿色，花药淡紫色，颖壳淡紫色。株型半紧凑，株高285厘米，穗位高111厘米左右，成株叶片19片。花丝红色，果穗长筒形，穗长18.6厘米，穗行数16~18行，穗轴白色，半马齿型，百粒重39.5克。籽粒容重767克/升，含粗蛋白10.54%，粗脂肪3.41%，粗淀粉75.42%，赖氨酸0.30%。人工接种鉴定：高抗玉米螟，中抗大斑病、灰斑病、丝黑穗病、茎腐病和弯孢菌

叶斑病。

产量表现：2009—2010 年参加东（华）北春玉米品种区域试验，两年平均亩产 771.1 千克，比对照品种增产 7.1%。2010 年生产试验，平均亩产 716.3 千克，比对照郑单 958 增产 10.5%。

栽培要点：适宜在中等肥力以上地块种植。最佳播种期为 4 月下旬至 5 月上旬。种植密度4 000株/亩左右。

（二）西北和东北带状间作区适宜品种

1. 大豆品种

（1）中黄 30。

特征特性：该品种在北京地区春播全生育期 127 天，比对照中黄 13 号早 3 天。有限结荚习性，叶卵圆形，紫花，棕毛，黄荚；平均株高 70.1 厘米，主茎节数 16.1 个，有效分枝 1.2 个，结荚高度 15.0 厘米，单株有效荚 62.8 个，单株粒数 137.7 个，单株粒重 25.3 克，百粒重 19.0 克。籽粒圆形，种皮黄色、有微光，种脐黄色。落叶性好，不裂荚。经农业农村部谷物品质监督检验测试中心检测：粗蛋白质含量 41.70%，粗脂肪含量 21.44%。经南京农业大学国家大豆改良中心接种鉴定：中抗大豆花叶病毒病。

产量表现：两年区试平均亩产 232.9 千克，比对照中黄 13 号增产 20.8%；生产试验平均亩产 234.5 千克，比对照增产 16.1%。

栽培要点：该品种适宜播期为 4 月下旬至 5 月上旬；每亩以 1.5 万株为宜，出苗后在第一对真叶展开时要及时间苗、定苗；亩施磷酸二铵 10 千克、氯化钾 4 千克、有机肥1 000千克作底肥，在花荚期根据植株长势长相可喷施叶面肥；注意及时防治大豆蚜虫、红蜘蛛等害虫，成熟时要及时收获。

（2）吉育 441。

特征特性：北方春大豆中熟高油型品种，春播生育期平均127天，比对照吉育86早熟2天。株型收敛，亚有限结荚习性。株高94.4厘米，主茎17.3节，有效分枝0.4个，底荚高度12.8厘米，单株有效荚数51.1个，单株粒数122.5粒，单株粒重21.4克，百粒重18.0克。圆叶，紫花，灰毛。籽粒椭圆形，种皮黄色、微光，种脐褐色。接种鉴定：抗花叶病毒病1号株系，中抗花叶病毒病3号株系，感孢囊线虫病3号生理小种。籽粒粗蛋白含量38.90%，粗脂肪含量21.74%。

产量表现：2016—2017年参加北方春大豆中熟组品种区域试验，两年平均亩产230.4千克，比对照增产2.9%。2017年生产试验，平均亩产225.6千克，比对照吉育86增产2.1%。

栽培要点：4月末播种；亩种植密度12 000~13 000株；亩施腐熟有机肥1 300千克，磷酸二铵10千克。

（3）中黄318。

特征特性：春播生育期平均137天，比对照陇豆2号早熟4~5天。株型半开张，有限结荚习性。株高85厘米，主茎15.3节，有效分枝2.5~4.8个，底荚高度15.5厘米，单株有效荚数46~50个，单株粒重25克，百粒重23.5克。叶椭圆形，紫花，棕毛。籽粒椭圆形，种皮黄色、有光泽，种脐黑色。接种鉴定：抗花叶病毒病，中抗灰斑病。籽粒粗蛋白含量38.63%，粗脂肪含量20.83%。

产量表现：2017—2018年参加甘肃省大豆品种区域试验，平均亩产190.53千克，比对照陇豆2号增产5.53%。2019年生产试验平均亩产186.69千克，比对照陇豆2号增产9.36%。

栽培要点：4月下旬至5月初播种，亩种植密度1.1万~1.3万株。施肥50千克/亩复合肥。注意防治红蜘蛛及花荚期遇旱浇水。

（4）中黄322。

特征特性：该品种为春播高油大豆品种。全生育期 116 天。有限结荚习性，株高 84.3 厘米，主茎节数 17.4 个，有效分枝 2.1 个；单株有效荚数 62.1 个，百粒重 19.9 克，紫花，灰毛，灰荚；椭圆粒，种皮黄色，无光泽，淡褐脐。经检测籽粒粗蛋白含量 35.86%，粗脂肪含量 22.74%。经人工接种鉴定，抗 SC3 株系，抗 SC7 株系。

产量表现：两年区域试验平均亩产 208.16 千克，比对照中黄 30 增产 12.09%；生产试验平均亩产 196.02 千克，比对照中黄 30 增产 8.91%。

栽培要点：该品种适宜播期为 4 月下旬至 5 月上旬；每亩以 1.2 万株为宜；亩施磷酸二铵 10 千克、氯化钾 4 千克作底肥，在花荚期根据植株长势长相可喷施叶面肥；注意及时防除杂草，防治大豆蚜虫、红蜘蛛等害虫，花荚期及时防治点蜂缘蝽。该品种抗旱性一般，花荚期遇干旱及时灌溉，成熟时要及时收获。

（5）吉农 75。

特征特性：生育期 131 天。亚有限结荚习性，平均株高 111.8 厘米，主茎型结荚，主茎节数 17.0 个，三粒荚多，荚熟时呈褐色。圆叶、白花、灰毛，籽粒圆形，种皮黄色，微光，种脐黄色，平均百粒重 20.1 克。人工接种鉴定：中抗大豆花叶病毒 1 号株系，感大豆花叶病毒 3 号株系。平均籽粒粗蛋白质含量 42.45%、粗脂肪含量 20.20%。

产量表现：2017—2018 两年区域试验平均公顷产量 3 104.3 千克，比对照吉育 72 增产 4.4%。2019 年生产试验平均公顷产量 2 951.0 千克，比对照吉育 72 增产 8.8%。

栽培要点：4 月下旬播种。每公顷保苗 18 万株左右，不宜密植。一般公顷施农肥 20~30 立方米、磷酸二铵 150 千克、硫酸钾 50 千克或大豆专用肥 300 千克作底肥。注意防治大豆蚜虫，8

月中旬及时防治大豆食心虫。

2. 玉米品种

（1）金穗3号。

特征特性：幼苗拱土力强，叶鞘黄绿色。株高192厘米，穗位高94厘米。单株17片叶。株型紧凑。雄穗分枝17个，花药浅黄色，花粉量大。雌穗花丝粉红色。果穗长锥形，长24.9厘米，粗5.6厘米，秃顶长0.5厘米。穗行数16~18行，行粒数41.0粒；穗轴紫红色。出籽率86%。籽粒黄色，半马齿型，千粒重292.4克，含粗蛋白质9.9%，赖氨酸0.34%，粗淀粉73.39%，粗脂肪3.88%。生育期146天，比酒单2号早熟5~6天，属早熟种。抗病性：经接种鉴定，高抗红叶病，感丝黑穗病和大斑病，高感矮花叶病。

产量表现：在2004—2005年甘肃省玉米早熟组区试中，平均折合亩产584.3千克，比对照酒单2号增产23.79%。2005年甘肃省玉米生产试验平均亩产571.0千克，比对照酒单2号增产32.0%。

栽培要点：播前结合整地亩施磷酸二铵40千克；拔节期亩追施尿素20千克；喇叭口期亩追施尿素30千克。亩保苗一般为4 000~4 500株。注意防治矮花叶病、丝黑穗病和大斑病。

（2）正德305。

特征特性：幼苗叶鞘紫色，叶片绿色。株型半紧凑，株高314厘米，穗位高123.6厘米，全株叶片数21~23片，雄穗分枝数7~10个，花药紫红色，颖壳绿色，花丝紫红色。果穗锥形，穗轴红色，穗长17.9厘米，穗粗5.2厘米，轴粗2.8厘米，穗行数15.7行，行粒数41.0粒，出籽率87.4%。籽粒马齿型，黄色，千粒重361.5克，含粗蛋白9.71%，粗脂肪4.17%，粗淀粉73.65%，赖氨酸0.334%。生育期128~133天。茎秆坚韧，抗倒

伏。抗病性鉴定：高抗丝黑穗病和矮花叶病，抗红叶病，中抗瘤黑粉病，高感大斑病和茎基腐病。

产量表现：在2012—2013年甘肃省玉米品种区试中，平均亩产2012年1 177.0千克，比对照郑单958增产16.5%；2013年989.3千克，比对照先玉335增产2.1%。2013年生产试验平均亩产1 023.1千克，比对照先玉335增产5.4%。

栽培要点：4月上中旬播种。河西灌区地膜覆盖为6 000株/亩，中东部旱区全膜双垄沟播为4 000~4 500株/亩。注意防治茎腐病和大斑病。

（3）先玉335。

特征特性：幼苗叶鞘紫色，叶片绿色，叶缘绿色；单株叶片数19~21片，株型半紧凑，株高313厘米，穗位高131厘米；花药粉红色，花丝紫色，颖壳绿色。果穗筒形，穗轴红色，穗长19.5厘米，穗粗5.2厘米，轴粗2.7厘米，穗行数16.9行，行粒数39.8粒。籽粒马齿型，黄色。出籽率86.1%，千粒重346.3克。含粗蛋白10.94%，粗淀粉74.91%，粗脂肪4.11%，赖氨酸0.331%。生育期139天，比对照沈单16晚熟2天。高抗红叶病，中抗丝黑穗病、大斑病、瘤黑粉病，抗茎腐病、矮花叶病。

产量表现：在2009—2010年甘肃省玉米品种区域试验中，平均亩产874.2千克，比对照沈单16号增产7.5%。2010年生产试验中，平均亩产933.4千克，比对照沈单16号增产13.8%。

栽培要点：4月上旬至5月上中旬播种。亩保苗3 500~4 500株。底肥亩施农家肥1 500千克、磷酸二铵15~20千克、钾肥10~15千克、氮肥10千克。拔节前期结合灌水第一次追肥，亩施氮肥20千克。抽雄期结合灌水第二次追肥，亩施氮肥20千克。灌浆前期结合灌水第三次追肥，亩施氮肥20千克。

（三）西南带状间作区适宜品种

1. 大豆品种

（1）川豆16。

特征特性：属春大豆品种。区试春播全生育期平均117天，比对照南豆5号晚熟5天。有限结荚习性，植株直立，株型收敛，叶椭圆形，白花，灰毛。平均株高72.2厘米，主茎节数12.7节，有效分枝3.9个，单株结荚42个，单株粒数84.1粒，单株粒重16.1克。成熟豆荚呈褐色，弯镰形，不裂荚，落叶性好。籽粒椭圆形，种皮黄色，种脐褐色，百粒重平均19.4克。完全粒率95.5%，感病性0.8级，均优于对照。经国家粮食局成都粮油食品饲料质量监督检验测试中心检测：干籽粒粗蛋白含量43.2%，粗脂肪含量19.4%。

产量表现：2011年参加四川省春大豆早熟组区试，平均亩产171.19千克，比对照南豆5号增产9.7%；2012年续试，平均亩产167.54千克，比对照增产19.8%。两年区试平均亩产169.37千克，比对照南豆5号增产14.8%，平均增产点率88%。

2013年在成都、乐山、南充、自贡、南江（因试验倒伏重报废）5个试点进行春播生产试验，4点平均亩产159.23千克，比对照南豆5号增产6.2%，增产点率75%。

栽培要点：①播种期：春播3月中旬至4月中旬，地温稳定在10℃以上，覆膜可适当提前；②种植密度：净作亩植1.5万~1.8万株；③施肥要点：以腐熟有机肥混合速效磷肥作底肥，苗期及初花期根据植株生长情况酌情追施清粪水或速效氮肥（尿素3~5千克/亩）；④田间管理：在出苗期和鼓粒期需要充足水分，应注意保墒，及时灌溉。及时补苗、间苗、定苗，中耕除

草，防治病虫、鼠害，成熟时及时收获。

（2）黔豆7号。

特征特性：生育期平均116天。株型收敛，有限结荚习性。株高52.7厘米，主茎12.2节，有效分枝3.0个，底荚高度12.9厘米，单株有效荚数56.4个，单株粒数125.7粒，单株粒重18.3克，百粒重15.9克。叶椭圆形，紫花，棕毛。籽粒椭圆形，种皮黄色，有光泽，种脐褐色。接种鉴定：中抗花叶病毒病3号和7号株系。粗蛋白质含量41.93%，粗脂肪含量19.05%。

产量表现：2009—2010年参加西南山区春大豆品种区域试验，两年平均亩产184.9千克，比对照滇86-5增产21.9%。2010年生产试验，平均亩产158.4千克，比对照滇86-5增产15.8%。

栽培要点：①4月上旬至5月上旬播种，条播行距40厘米。②每亩种植密度高肥力地块2.2万株，中等肥力地块2.5万株，低肥力地块3.0万株。③每亩施腐熟有机肥1 500千克、氮磷钾三元复合肥15千克或磷酸二铵25千克作基肥，初花期每亩追施氮磷钾三元复合肥5千克。

（3）滇豆7。

特征特性：该品种生育期132天，有限结荚习性。株高63.1厘米，底荚高度9.7厘米，主茎节数13.4个，分枝数3.4个，单株荚数47.3个，单株粒重19.1克，百粒重22.1克。叶卵圆形，白花，棕毛。籽粒椭圆形，种皮黄色，种脐黑色。接种鉴定，中感花叶病毒病3号和7号株系。粗蛋白含量44.50%，粗脂肪含量20.31%。

产量表现：2006年参加西南山区春大豆组品种区域试验，平均亩产182.3千克，比对照滇86-5极显著增产7.1%；2007年续试，平均亩产198.1千克，比对照极显著增产16.2%。两年区域试验平均亩产 190. 2 千克，比对照增产 11. 7%。2008 年生产试验，平均亩产 140. 7 千克，比对照增产 6. 5%。

栽培要点：5 月播种，亩种植密度 1. 4 万株。播前施有机肥，每亩施用过磷酸钙 20～30 千克、硫酸钾 8～10 千克作底肥，在苗期、始花期根据苗情每亩适量追施尿素 5～8 千克。

（4）贡秋豆 8 号。

特征特性：区试夏播全生育期平均 128 天，比对照贡选 1 号早熟 8 天。有限结荚习性，株型收敛。叶片中等大小，卵圆形，白花，灰毛。株高平均 65. 6 厘米，主茎节数 14. 8 个，有效分枝 3. 8 个，单株荚数 46. 1 个，单株粒数 77. 3 粒，单株粒重 15. 5 克，荚褐色，每荚 1. 7 粒。种子椭圆形，种皮黄色，褐色脐，百粒重 20. 0 克，完全粒率 95. 2%。感病毒病 0. 4 级。经国家粮食局成都粮油食品饲料质量监督检验测试中心检测：干籽粒粗蛋白质含量 48. 1%，粗脂肪含量 20. 2%，属高蛋白优质大豆品种。

产量表现：2010 年区试平均亩产 97. 2 千克，比对照贡选 1 号增产 3. 8%；2011 年续试平均亩产 99. 8 千克，比对照贡选 1 号减产 3. 0%；两年平均亩产 98. 5 千克，比对照贡选 1 号增产 0. 2%，两年 8 个试点，4 点增产。

2012 年在南充、自贡、仁寿、邻水、乐山（因洪水报废）5 个试点进行夏播生产试验，4 点平均亩产 117. 79 千克，比对照贡选 1 号增产 15. 9%，4 点均增产。

栽培要点：①播种期：夏播 5 月下旬到 7 月上旬均可；②种植密度：亩植 0. 8 万～1. 0 万株；③管理：玉米收获后及时砍倒，可整理留于地里覆盖，利于防草。8 月上旬开花前后注意防治食叶性害虫、蚜虫、红黄蜘蛛等。

（5）南豆 12。

特征特性：夏播生育期 147. 1 天。有限结荚习性，株型收

敛，株高 64.0 厘米，主茎 20.1 节，有效分枝 5~6 个。叶椭圆形，白花，棕毛。单株有效荚 52.1 个，单株粒数 83.9 粒，单株粒重 20.3 克。成熟荚呈深褐色，不裂荚，落叶性好。种皮黄色，脐深褐色，粒型椭圆，籽粒大小一致，百粒重 18.1 克。籽粒粗蛋白质含量 51.79%，粗脂肪含量 17.63%。高抗病毒病，耐阴，耐肥性好，抗倒力强。

产量表现：2005 年参加四川省夏大豆晚熟组区试，平均亩产 77.7 千克，比对照贡选 1 号增产 12.6%；2006 年续试，平均亩产 105.3 千克，比对照贡选 1 号增产 14.1%。两年区试平均亩产 91.5 千克，比对照贡选 1 号增产 13.4%。2007 年在南充、茂县、峨眉、南部、武胜 5 个点进行夏播生产试验，平均亩产 159.6 千克，比对照贡选 1 号增产 25.2%。

栽培要点：①适宜播种期：玉米间作 4 月上中旬；玉米套作 5 月下旬至 6 月下旬；田埂豆 5 月下旬至 6 月上旬。②密度：玉米间作亩植2 000~3 000株，玉米套作亩植6 000~7 000株。③施肥及管理：重施底肥，看苗酌施提苗肥，增施花荚肥。苗期注意防治地下害虫和叶面害虫，花荚期注意防治豆荚螟及鼠害。

（6）桂夏 3 号。

特征特性：生育期 108 天，属中熟品种，有限结荚习性，株高 59.9 厘米，中等高，主茎 14.7 节，分枝 2.5 个，单株荚数 43.7 个，单株粒数 78.8 粒，单株粒重 11.1 克，百粒重 17.6 克。叶椭圆形，中等大，茸毛较稀，紧贴，紫花，棕毛，荚褐色，较大，粒椭圆，种皮青色有光泽，粒较大，脐淡褐色。该品种落叶性好，适应性强，抗倒伏。经农业农村部谷物品质监督检验测试中心分析：粗蛋白 43.63%，粗脂肪 20.11%。

产量表现：2003—2005 年参加并通过广西第七周期夏大豆区域试验，3 年平均亩产 139.16 千克，比对照桂夏一号增产 6.4%。

栽培要点：亩密度纯种要求 1.3 万~1.8 万株，间套种以 1.0 万株左右为宜。中耕除草培土并结合追施苗肥：一般亩施尿素 5 千克+氯化钾 10 千克，或尿素 5 千克+复合肥 15 千克，若植株长势差，可在花荚期再追施一次肥。

(7) 川鲜豆 1 号。

特征特性：该品种属鲜食春大豆品种。有限结荚习性，下胚轴花青甙无显色，花冠白色，茸毛灰色，鲜荚呈绿色，籽粒球形，种皮浅绿色，子叶黄色，脐浅褐色。四川省鲜食大豆特殊类型试验两年区试：春播平均生育期 76.4 天，比对照交大 133 晚熟0.8 天；株高 33.8 厘米，主茎节数 8.4 个，有效分枝数 2.5 个，单株有效荚数 19.3 个，多粒荚率 69.6%，单株鲜荚重 52.4 克，每 500 克标准荚数 158.6 个，标准两粒荚荚长×荚宽为 5.3 厘米×1.4 厘米，标准荚率 80.4%，百粒鲜重 85.5 克。

产量表现：2018 年参加四川省鲜食大豆特殊类型试验春播组区试，鲜荚平均亩产 1 044.6 千克，比对照交大 133 增产 13.2%；2019 年续试，鲜荚平均亩产 904.7 千克，比对照增产 7.1%；两年区试鲜荚平均亩产 974.7 千克，比对照增产 10.3%，增产点率 100%。2019 年生产试验，鲜荚平均亩产 863.5 千克，比对照增产 7.5%。

栽培要点：①播种期：3 月下旬至 4 月中旬。②种植密度：净作亩植 2.0 万株左右。③田间管理：施足底肥，看苗酌施提苗肥，增施花荚肥；苗期和花荚期注意灌溉，及时催根封林。④病虫防治：苗期注意防治地下害虫和叶面害虫，花荚期注意防治豆荚螟及鼠害。⑤采收应严格执行农药安全间隔期。

(8) 川鲜豆 2 号。

特征特性：该品种属鲜食春大豆品种。有限结荚习性，下胚

轴花青甙无显色，花冠白色，茸毛灰色，鲜荚呈绿色，籽粒球形，种皮中等黄色，子叶黄色，脐浅褐色。四川省鲜食大豆特殊类型试验两年区试：春播平均生育期 73.9 天，比对照交大 133 早熟 1.7 天；株高 31.1 厘米，主茎节数 7.7 个，有效分枝数 2.3 个，单株有效荚数 19.2 个，多粒荚率 67.8%，单株鲜荚重 49.6 克，每 500 克标准荚数 157.6 个，标准两粒荚荚长×荚宽为 5.3 厘米×1.5 厘米，标准荚率 77.9%，百粒鲜重 86.9 克。

产量表现：2018 年参加四川省鲜食大豆特殊类型试验春播组区试，鲜荚平均亩产 957.1 千克，比对照交大 133 增产 3.7%；2019 年续试，鲜荚平均亩产 882.3 千克，比对照增产 4.4%；两年区试鲜荚平均亩产 919.7 千克，比对照增产 4.1%，增产点率 82%。2019 年生产试验，鲜荚平均亩产 831.3 千克，比对照增产 3.5%。

栽培要点：①播种期：3 月下旬至 4 月中旬。②种植密度：净作亩植 2.0 万株左右。③田间管理：施足底肥，看苗酌施提苗肥，增施花荚肥；苗期和花荚期注意灌溉，及时催根封林。④病虫防治：苗期注意防治地下害虫和叶面害虫，花荚期注意防治豆荚螟及鼠害。⑤采收应严格执行农药安全间隔期。

（9）南夏豆 25。

特征特性：区试夏播全生育期平均 134 天，比对照贡选 1 号早熟 2 天。有限结荚习性，叶卵圆形，白花，棕毛。株高平均 67.5 厘米，主茎节数 14.5 个，株分枝 3.5 个，株荚数 42.4 个，株粒数 70.5 粒，每荚粒数 1.7 粒，株粒重 16.3 克。种子椭圆形，种皮黄色，脐褐色，百粒重 24.9 克，完全粒率 95.5%。感病毒病 0.3 级。经国家粮食局成都粮油食品饲料质量监督检验测试中心检测：干籽粒粗蛋白质含量 49.1%，粗脂肪含量 17.5%，属高蛋白优质大豆品种。

产量表现：2010 年区试平均亩产 102. 1 千克，比对照贡选 1 号增产 9. 1%；2011 年续试平均亩产 103. 6 千克，比对照贡选 1 号增产 0. 7%；两年平均亩产 102. 9 千克，比对照贡选 1 号增产 4. 7%；两年 8 个试点，6 点增产。

栽培要点：①适宜播种期：5 月下旬至 6 月下旬。②密度：亩植 0. 8 万~1. 0 万株。③施肥及管理：重施底肥，看苗酌施提苗肥，增施花荚肥。苗期注意防治地下害虫和叶面害虫，花荚期注意防治豆荚螟及鼠害。

2. 玉米品种

（1）荣玉 1210。

特征特性：西南地区春播出苗至成熟 116 天，与渝单 8 号相当。幼苗叶鞘浅紫色，叶片绿色，叶缘浅紫色。株型紧凑，株高 290 厘米，穗位高 120 厘米，成株叶片数 20 片。花药浅紫色，颖壳浅紫色，花丝紫色。果穗筒形，穗长 18 厘米，穗行数 16~18 行，穗轴红色，籽粒黄色、马齿型，百粒重 34. 7 克。接种鉴定：中抗大斑病、小斑病、纹枯病，感茎腐病、丝黑穗病、穗粒腐病和灰斑病。籽粒容重 714. 0 克/升，粗蛋白含量 10. 5%，粗脂肪含量 3. 3%，粗淀粉含量 71. 8%，赖氨酸含量 0. 3%。

产量表现：2013—2014 年参加西南玉米品种区域试验，两年平均亩产 595. 1 千克，比对照增产 4. 7%；2014 年生产试验，平均亩产 617. 5 千克，比对照渝单 8 号增产 11. 6%。

栽培要点：3 月上旬至 4 月中旬播种，在中等肥力以上地块栽培，亩种植密度 3 200~4 000株。施足底肥，轻施苗肥，重施穗肥，增施有机肥和磷钾肥。

（2）仲玉 3 号。

特征特性：全生育期 118. 5 天。第一叶鞘颜色紫、尖端形状圆到匙形。株高 264. 4 厘米，穗位高 105. 9 厘米，单株叶片数 19 片

左右；叶片与茎秆角度小，茎“之”字程度无，叶鞘颜色绿，雄穗一级侧枝数目中，雄穗主轴与分枝的角度中，雄穗侧枝姿态直线型，雄穗最高位侧枝以上主轴长度中，雄穗颖片基部颜色绿，颖片除基部外颜色浅紫，花药颜色紫，花丝颜色绿。果穗形状中间型，穗行数 15.0 行，行粒数 43.0 粒，千粒重 301 克。籽粒类型中间型，籽粒顶端主要颜色黄，籽粒背部颜色橘黄，穗轴颖片颜色白色，籽粒排列形式直。籽粒容重 752 克/升，粗蛋白质 10.7%，粗脂肪 4.5%，粗淀粉 71.8%，赖氨酸 0.33%。经接种鉴定，抗穗腐病，中抗大斑病、小斑病、纹枯病、茎腐病，感丝黑穗病。

产量表现：2010 年四川省杂交玉米区试，平均亩产 534.7 千克，比对照川单 13 增产 22.8%，7 试点均增产；2011 年平均亩产 601.9 千克，比对照成单 30 增产 8.8%，10 试点均增产。2012 年生产试验，平均亩产 509.7 千克，比对照成单 30 增产 7.9%，6 试点均增产。

栽培要点：春播，每亩种植 3 000~3 600 株。重施底肥，增施有机肥，猛攻穗肥。

（3）荃玉 9 号。

特征特性：四川春播全生育期约 117 天。第一叶鞘颜色绿色、尖端形状圆。株高约 270.7 厘米，穗位高约 114.4 厘米，全株叶片约 18 片；叶片与茎秆角度中（约 25°），茎“之”字程度无，叶鞘颜色绿。雄穗一级侧枝数目中，雄穗主轴与分枝的角度约 25°，雄穗侧枝姿态直线型，雄穗最高位侧枝以上主轴长度长，雄穗颖片基部颜色绿，颖片除基部外颜色绿色，花药颜色浅紫，花丝颜色绿色。果穗圆筒形，穗长约 19 厘米，穗行数约 16 行，行粒数 32 粒左右，千粒重 303.7 克。籽粒类型马齿型、顶端主要颜色淡黄、背面颜色橘黄，穗轴颖片颜色粉红，籽粒排列形式直。籽粒容重 732 克/升，粗蛋白质含量 9.9%，粗脂肪 4.5%，粗淀粉 76.4%，赖氨酸含量 0.31%。经接种鉴定：中抗大斑病、纹枯病，感小斑病、丝黑穗病、茎腐病。

产量表现：2009 年四川省区试平均亩产 471.1 千克，较对照川单 13 增产 15.0%，7 试点均增产；2010 年四川省区试平均亩产 443.7 千克，较对照川单 13 增产 13.9%，10 试点 9 点增产。2010 年生产试验，平均亩产 520.4 千克，较对照增产 11.3%。

栽培要点：适宜春播，种植密度 2 800~3 500株/亩；足施底肥，多施苗肥和拔节肥，重施攻苞肥；注意氮、磷、钾配合施用。注意防治小斑病、丝黑穗病、茎腐病。

（4）黔单 988。

特征特性：该品种属杂交玉米。全生育期平均 121 天，比对照渝单 8 号长 2 天。株型半紧凑，全株 20 片叶左右，株高 260 厘米，穗位高 105 厘米，雄穗一次分枝平均 10 个，最低位侧枝以上主轴长 39 厘米，最高位侧枝以上主轴长 27 厘米，第一叶叶鞘浅紫色，颖片绿色，颖基紫色，花药黄色，雌穗花丝淡红色。穗长 18.9 厘米，穗粗 5.2 厘米，秃尖 0.9 厘米，穗行数 16.7 行，行粒数 40.7 粒。穗形筒形，穗轴白色，籽粒黄色、半马齿型，百粒重 36 克，出籽率 82.4%。

产量表现：2017 年一年适应性试验，3 点平均亩产 591.2 千克，比对照渝单 8 号增产 10.5%。

栽培要点：适宜种植密度 3 000~3 300株/亩。播种前每亩施 1 500千克农家肥、25 千克复合肥、30 千克磷肥作底肥。如育苗移栽，移栽期为 2 叶 1 心。苗期防治地老虎；及时匀苗定苗，在 4~5 叶期中耕锄草 1 次，大喇叭口期培土 1 次，结合中耕培土追肥 2~3 次，每亩共需追施尿素 30~40 千克。

（5）荣玉甜 9 号。

特征特性：在东南区出苗至成熟 87 天。幼苗叶鞘绿色，叶

片绿色，叶缘绿色，花药黄色，颖壳绿色。株型半紧凑，株高245厘米，穗位高87厘米，成株叶片数17片。花丝绿色，果穗筒形，穗长21厘米，穗行数20行，穗轴白色，籽粒黄色，鲜籽粒百粒重34.3克。东南抗性接种鉴定：感小斑病、纹枯病，中抗腐霉茎腐病；西南抗性接种鉴定：中抗小斑病、纹枯病。品质检测达到部颁甜玉米标准。

产量表现：2015—2016年参加东南甜玉米品种区域试验，两年平均亩产（鲜穗）967.2千克，比对照粤甜16号增产4.2%。2015—2016年参加国家西南区甜玉米组区域试验，两年平均亩产943千克，比对照增产8.9%。

栽培要点：在中等肥力以上地块栽培，适宜播种期3月中旬至7月上旬，每亩适宜密度4 000株，隔离种植，适时收获，带苞叶运输贮藏。

（6）荣玉糯1号。

特征特性：春播，出苗至吐丝期约89天，株高约265.6厘米，穗位高约120.8厘米，株型较松散。穗长约18.8厘米，穗粗约4.7厘米，穗行数18行左右，行粒数34粒左右，百粒重约29.7克，出籽率约68.6%，籽粒彩色。经绵阳市农业科学研究院分析测试中心两年检测：皮渣率平均为13.03%，总淀粉含量为65.37%，直链淀粉含量为1.25%。经专家品尝鉴定：品质总评分为87.8分。接种鉴定表明：抗大斑病和纹枯病，中抗小斑病，高感丝黑穗病；田间自然鉴定综合抗性好。

产量表现：2010年参加四川省鲜食玉米区试糯玉米组，平均亩产鲜穗795.3千克，比对照渝糯7号增产10.3%，6个试点5点增产；2011年续试，平均亩产鲜穗784.9千克，比对照渝糯7号增产5.6%，7个试点5点增产。

栽培要点：春夏播、净套作均可，种植密度3 600株/亩左右，与其他玉米杂交种保持一定隔离距离；施肥和管理上与大田玉米生产一致；及时防治病虫害，但忌用剧毒农药，收获前15天禁施农药，适时采收，带苞叶运输贮藏。

（7）正红505。

特征特性：春播全生育期118天。全株叶片数19片左右。幼苗长势强，株高255.3厘米，穗高93.3厘米，株型半紧凑。雄穗分枝16~19个，颖壳绿色有紫条，颖尖紫色，花药浅紫色。花丝粉红色，吐丝整齐。果穗长筒形，红轴，穗长19.7厘米，穗行数18.2行，行粒数34.7粒。籽粒黄色、马齿型，千粒重282.4克，出籽率79.6%左右。人工接种鉴定：中抗大、小斑病和纹枯病，感茎腐病，高感丝黑穗病。品质化验分析结果：籽粒容重737克/升，粗蛋白质10.6%，粗脂肪4.3%，粗淀粉73.4%，赖氨酸0.32%。

产量表现：2006年参加四川省玉米山区组区试，平均亩产549.2千克，增产13.2%，10个点均增产；2007年四川省山区组区试平均亩产484.5千克，增产6.1%，增产点率77.8%。两年省区试平均亩产514.9千克，比对照川单15号平均增产9.7%，增产点率80%。2007年生产试验平均亩产506.0千克，比对照川单15号增产8.5%，增产点率80%。

栽培要点：春播，每亩种植密度3 000株左右，间套作可适当降低密度，高海拔山区种植则需增加密度。重施底肥，增施有机肥，轻施苗肥与拔节肥，猛攻穗肥。

（8）雅玉青贮8号。

特征特性：在南方地区出苗至青贮收获88天左右。幼苗叶鞘紫色，叶片绿色，花药浅紫色，颖壳浅紫色。株型平展，株高300厘米，穗位高135厘米，成株叶片数20~21片。花丝绿色，果穗筒形，穗轴白色，籽粒黄色，硬粒型。经中国农业科学院作

物科学研究所接种鉴定：高抗矮花叶病，抗大斑病、小斑病和丝黑穗病，中抗纹枯病。经北京农学院测定：全株中性洗涤纤维含量45.07%，酸性洗涤纤维含量22.54%，粗蛋白含量8.79%。

产量表现：2002—2003年参加青贮玉米品种区域试验，31点次增产，5点次减产，2002年亩生物产量（鲜重）4 619.21千克，比对照农大108增产18.47%；2003年亩生物产量（干重）1 346.55千克，比对照农大108增产8.96%。

栽培要点：每亩适宜密度4 000株，注意适时收获。

第二节　土地整理

一、深松耕

深松耕是指用深松铲或凿形犁等松土农具疏松土壤而不翻转土层的一种深耕方法，通常深度可达20厘米以上。适于经长期耕翻后形成犁底层、耕层有黏土硬盘或白浆层或土层厚而耕层薄不宜深翻的土地。主要作用是：打破犁底层、白浆层或黏土硬盘，加深耕层、熟化底土，利于作物根系深扎；不翻土层，后茬作物能充分利用原耕层的养分，保持微生物区系，减轻对下层嫌气性微生物的抑制；蓄雨贮墒，减少地面径流；保留残茬，减轻风蚀、水蚀。

深松耕方法：全面深松耕，一般采用“V”形深松铲，优势在于作业后地表无沟，表层破坏不大，但对犁底层破碎效果较弱，消耗动力较大。间隔深松耕，松一部分耕层，另一部分保持原有状态，一般采用凿式深松铲，其深松部分通气良好、接纳雨水；未松的部分紧实能提墒，利于根系生长和增强作物抗逆性。

二、麦茬免耕

针对西南油（麦）后和黄淮海麦后大豆玉米带状间作，前作收获后应及时抢墒播种玉米、大豆，为创造良好的土壤耕层、保墒护苗、节约农时，多采用麦（油）茬免耕直播方式。

若小麦收获机无秸秆粉碎、均匀还田的功能或功能不完善，小麦收后达不到播种要求，需要进行一系列整理工作，保证播种质量和大豆玉米的正常出苗。整理分为 3 种情况：一是前作秸秆量大，全田覆盖达 3 厘米以上，留茬高度超过 15 厘米，秸秆长度超过 10 厘米，先用打捆机将秸秆打捆移出，再用灭茬机进行灭茬；二是秸秆还田量不大，留茬高度超过 15 厘米，秸秆呈不均匀分布，需用灭茬机进行灭茬；三是留茬高度低于 15 厘米，秸秆分布不均匀，需用机械或人工将秸秆抛撒均匀即可。整理后的标准为秸秆粉碎长度在 10 厘米以下，分布均匀。

生产中常常因为收获小麦时对土壤墒情掌握不当造成土壤板结，影响播种质量和玉米、大豆的生长。因此，收获前茬小麦时田间持水量应低于 75%，小麦联合收割机的碾压对玉米、大豆播种无显著不良影响。但田间持水量在 80%以上时，轮轧带表层土壤坚硬板结，将严重影响玉米、大豆出苗。

第三节　播种技术

一、播种日期

（一）确定原则

1. 茬口衔接

针对西南、黄淮海多熟制地区，播种时间既要考虑玉米、大

豆当季作物的生长需要，还要考虑小麦、油菜等下茬作物的适宜播期，做到茬口顺利衔接和周年高产。

2. 以调避旱

针对西南夏大豆易出现季节性干旱，为使大豆播种出苗期有效避开持续夏旱影响，在有效弹性播期内适当延迟播期，并通过增密措施确保高产。

3. 迟播增温

在西北、东北等一熟制地区，带状间作玉米、大豆不覆膜时，需要在有效播期范围内根据土壤温度上升情况适当延迟播期，以确保玉米、大豆出苗后不受冻害。

4. 以豆定播

针对西北、东北等低温地区，播种期需视土壤温度而定，通常5~10厘米表层土壤温度稳定在10℃以上、气温稳定在12℃以上是玉米播种的适宜时期，而大豆发芽的适宜表土温度为12~14℃，稍高于玉米。因此，西北、东北带状间作模式的播期确定应参照当地大豆最适播种时间。

5. 适墒播种

在土壤温度满足的前提下，还应根据土壤墒情适时播种。玉米、大豆播种时的适宜土壤湿度应达到田间持水量的60%~70%，即手握耕层土壤可成团，自然落地即松散。土壤湿度过高与过低均不利于出苗，黄淮海地区要在小麦收获后及时抢墒播种；如果土壤湿度较低，则需造墒播种，如西北、东北可提前浇灌，再等墒播种。此外，大豆播种后遭遇大雨后极易导致土壤板结，子叶顶土困难，西南、黄淮海夏大豆地区应在有效播期内根据当地气象预报适时播种，避开大雨危害。

（二）各生态区域的适宜播期

1. 黄淮海地区

在小麦收获后及时抢墒或造墒播种，有滴灌或喷灌的地方可适时早播，以提高夏大豆脂肪含量和产量。黄淮海地区的适宜播期在6月中下旬。

2. 西北和东北地区

根据大豆播期来确定大豆玉米带状间作的适宜播期，在5厘米地温稳定在10~12℃（东北地区为7~8℃）时开始播种，播期范围为4月下旬至5月上旬。大豆早熟品种可稍晚播，晚熟品种宜早播；土壤墒情好可晚播，墒情差应抢墒播种。

3. 西南地区

大豆玉米带状套作区域，玉米在当地适宜播期的基础上结合覆膜技术适时早播，争取早收，以缩短玉米、大豆共生时间，减轻对大豆的荫蔽影响，最适播种时间为3月下旬至4月上旬；大豆以播种出苗避开夏旱为宜，可适时晚播，最适播种期为6月上中旬。大豆玉米带状间作区域，则根据当地春播和夏播的常年播种时间来确定，春播时玉米在4月上中旬播种、大豆同时播或稍晚，夏播时玉米在5月下旬至6月上旬播种、大豆同时播或稍晚。

二、种子处理

生产中玉米种子都已包衣，但大豆种子多数未包衣，播前应对大豆种子进行拌种或包衣处理。

（一）种衣剂拌种

选择大豆专用种衣剂，如6.25%咯菌腈·精甲霜灵悬浮种衣剂（精歌），或20.5%多菌灵·福美双·甲维盐悬浮种衣剂，或11%苯醚·精甲·吡唑等。根据药剂使用说明确定使用量，药剂不宜加水稀释，使用拌种机或人工方式进行拌种。种衣剂拌种时也可根据当地微肥缺失情况，协同微肥拌种，每千克大豆种子用硫酸锌4~6克、硼砂2~3克、硫酸锰4~8克，加少许水（硫酸

锰可用温水溶解）将其溶解，用喷雾器将溶液喷洒在种子上，边喷边搅拌，拌好后将种子置于阴凉干燥处，晾干后播种。

（二）根瘤菌接种

液体菌剂可以直接拌种，每千克种子一般加入菌剂量为 5 毫升左右；粉状菌剂根据使用说明需加水调成糊状，用水量不宜过大，应在阴凉地方拌种，避免阳光直射杀死根瘤菌。拌好的种子应放在阴凉处晾干，待种子表皮晾干后方可播种，拌好的种子放置时间不要超过 24 小时。用根瘤菌拌种后，不可再拌杀菌剂和杀虫剂。

三、播种密度

（一）种植密度

种植密度是实现间作增产增效的关键技术，是指农作物植株之间的距离。农作物左右间的距离称行距，前后间的距离称株距。安排间作的农作物种植密度一般遵照“高要密，矮略稀；挤中间，空两边；保主作，收次作；促互补，抑竞争”的原则。植株高的农作物，即高位农作物的种植密度要高于单作，能充分利用改善的通风透光条件，发挥密度的增产潜力，最大限度地提高产量。植株矮的农作物，即低位农作物的密度较单作略低或与单作相同。在生产上种植密度还应根据肥力、行数、株型而定。当间作的作物有主次之分时，主作物（高或矮）种植密度与单作相近，保证主作物的产量，副作物密度因水肥而定。

（二）大豆玉米带状复合种植密度配置原则

提高种植密度，保证与当地单作相当是带状复合种植增产的又一中心环节。确定密度的原则是高位主体、高低协同，高位作物玉米的密度与当地单作相当，低位作物大豆密度根据两作物共生期长短不同，保持单作的 70%～100%。带状套作共生期短，大豆的密度可保持与当地单作相当，共生期超过 2 个月，大豆密度适度降至单作大豆的 80%左右；带状间作共生期长，大豆如为 2 行或 3 行密度可进一步缩至当地单作的 70%，4~6 行大豆的密度应为单作的 85%左右。同时，大豆玉米带状复合种植两作物各自适宜密度也受到气候条件、土壤肥力水平、播种时间、品种特性等因素的影响，光照条件好、玉米株型紧凑、大豆分枝少、肥力条件好，大豆玉米的密度可适当增加，相反，需适当降低密度。

（三）区域大豆玉米带状复合种植密度推荐

小株距密植确保带状复合种植玉米与单作密度相当，适度缩小株距确保大豆全田密度达到当地单作密度的 70%~100%。以 2 行玉米为例，西南地区，玉米穴距 10~14 厘米（单粒）或 20~28 厘米（双粒），播种密度 4 500粒/亩以上；大豆株穴距 7~10 厘米（单粒）或 14~20 厘米（双粒），播种密度 9 500粒/亩以上。黄淮海玉米穴距 8~11 厘米（单粒）或 16~22 厘米（双粒），播种密度 5 000 粒/亩以上；大豆穴距 7~10 厘米（单粒）或 14~20 厘米（双粒），播种密度 12 000粒/亩以上。西北玉米、大豆单粒或双粒穴播，玉米穴距 8~11 厘米（单粒）或 16~22 厘米（双粒），播种密度 5 500粒/亩以上；大豆穴距 7~9 厘米（单粒）或 14~18 厘米（双粒），密度 13 000粒/亩以上。

四、机械化播种要点

（一）播种方式及机具的选择

1. 同机播种机型和机具参数选择

西南、西北地区大豆玉米带状间作同机播种施肥作业时可选用 2BF-4、2BF-5 或 2BF-6 型大豆玉米带状间作精量播种施肥机，其整机结构主要由机架、驱动装置、肥料箱、玉米株

（穴）距调节装置、大豆株（穴）距调节装置、玉米播种单体和大豆播种单体组成。驱动装置和播种单体安装于机架后梁上，中部2~4个单体为大豆播种单体，两侧单体为玉米播种单体，肥料箱安装于机架正上方。若选用当地大豆玉米播种施肥机，技术参数应达到表3-1的要求。

表3-1　大豆玉米行比（2~4）：2带状间作播种施肥机技术参数

类别	参数
结构	仿形播种单体结构
配套动力（千瓦）	＞38
玉米/大豆（行数）	2/（2~4）
播幅（毫米）	1 600~2 000
带间距（毫米）	600
玉米行距（毫米）	400
大豆行距（毫米）	300
玉米株距（毫米）	100、120、140
大豆株距（毫米）	80、100、120

黄淮海大豆玉米带状间作同机播种施肥作业可选用2BMFJ-6型大豆玉米免耕覆秸精量播种施肥机。免耕覆秸精量播种施肥机可在作物（小麦、大豆、玉米）收割后的原茬地上直接完成播种施肥全过程。该机集种床整备、侧深施肥、精量播种、覆土镇压、喷施封闭除草剂和秸秆均匀覆盖等功能于一体。若选用当地大豆玉米播种施肥机，技术参数应达到表3-2的要求。

表3-2　大豆玉米行比（4~6）：2带状间作播种施肥机技术参数

类别	参数
结构	仿形播种单体结构

（续表）

类别	参数
配套动力（千瓦）	＞100
播幅（毫米）	2 000~2 400
带间距（毫米）	600~700
玉米行距（毫米）	400
大豆行距（毫米）	200~300
玉米株距（毫米）	80、100、120
大豆株距（毫米）	80、100、120

2. 异机播种机型和机具参数选择

大豆玉米带状套作需要先播种玉米，在玉米大喇叭口期至抽雄期再播种大豆，采用异机播种方式。可选用玉米、大豆带状套作播种施肥机，也可通过更换播种盘，增减播种单体，实现大豆玉米播种用同一款机型。

玉米播种机主要由两个玉米播种单体、种箱、肥箱、仿形装置、驱动轮、实心镇压轮等组成，而大豆播种机主要由 3 个大豆播种单体、种箱、肥箱、仿形装置、驱动轮、“V”形镇压轮等组成。受播种时播幅、行株距及镇压力大小等因素影响，选择机具时应符合表 3–3 的各项参数。大豆玉米带状间作可用生产上常规播种机械分别播种大豆和玉米。

表 3–3　大豆、玉米播种机技术参数

类别	参数	
型号	玉米播种机（2 行）	大豆播种机（3 行）
结构	仿形播种单体结构	仿形播种单体结构
配套动力（千瓦）	≤20	≤30

（续表）

类别	参数	
播种机总宽（毫米）	≤1 200	≤1 600
行距（毫米）	400	300
穴距（毫米）	100、120、140	80、100、120
镇压轮（毫米）	实心轮	“V”形空心轮

（二）播前调适技术

1. 播前机具检查与单体位置调整

先检查和拧紧机具紧固螺栓，按照农艺技术要求，同机播种施肥机要调整好玉米播种单体与大豆播种单体的距离（间距）、2~6 个大豆播种单体间距离（大豆行距）及玉米（大豆）播种单体与施肥单体之间距离，异机播种施肥机只需调整好播种单体之间及播种单体与施肥单体之间的水平距离；为防止种肥烧种烧苗，通常要求两个开沟器水平错开距离不少于 10 厘米；检查排种器放种口盖是否关闭严密，可以通过调整箱扣搭接螺钉长度消除缝隙，防止漏种。

2. 播种施肥机左右水平调整

播种施肥机的水平调整实质就是保证每个播种单体开沟深度一致，不出现左右倾斜晃动现象。一般调整方式是，通过拖拉机的三点悬挂将播种施肥机挂接好，然后调整拖拉机提升杆的长度实现机具水平。判断播种机是否处于水平位置通常是通过液压系统将播种机降下，使开沟器尖贴近于水平地表，测量两侧的开沟器尖离地高度是否一致。

若机具左高右低时，可伸长左侧提升杆或缩短右侧提升杆；若机具右高左低时，可伸长右侧提升杆或缩短左侧提升杆；若机具向左侧倾斜时，可延长左侧连接杆或缩短右侧连接杆，再用螺栓锁住左右两侧连接杆的销孔；若机具向右侧倾斜时，可延长右侧连接杆或缩短左侧连接杆，再用螺栓锁住左右两侧连接杆的销孔；若机具晃动，则调节左右下拉杆中间的可调拉杆。

3. 播种施肥机前后水平调整

调整播种施肥机前后水平高度的实质就是保证机具在工作时不会出现“扎头”现象，保证机具处于良好的工作状态。通常厂家为方便机手检查机具前后位置水平状态，会在肥箱外侧面安装一重力调平指针，若重力调平上下指尖未对齐，则机具的前后不在一个水平位置。

通常采用调整拖拉机的上拉杆实现机具的前后水平一致。在调节时需要将机具放置在水平地面上，然后松开上拉杆两端的锁紧螺母，再通过旋转延长或缩短上拉杆，如果播种机处于前倾后仰位置则采用延长上拉杆方法调整，后倾前仰则缩短上拉杆。调整好上拉杆后应将拉杆两头的螺母锁紧。

4. 播种施肥深度调整

播种施肥机作业前，必须进行施肥与播种深度的调整。调整前可先试播一定的距离，扒开播种带与施肥带的土壤，测量种子与种肥的深度。

调整施肥深度，首先，拧松施肥开沟器的锁紧螺母，通过上移或下移施肥开沟器，改变开沟器与机架的相对位置，来实现施肥深度的调整。调整完毕后，锁紧开沟器的锁紧螺母。一般施肥深度在 10~15 厘米即可。

在调节播种深度时，主要通过播深调节机构改变限深轮与播种开沟器的垂直距离。通常播种施肥机播种深度调节装置有两种，一种是在播种单体的开沟器两边增设限深轮，拧松限深轮锁紧螺母，通过上移或下移限深轮来调整限深轮与开沟器之间垂直距离，从而改变播种深度，调整完毕后，拧紧锁紧螺母即可。通

常玉米播深为5~7厘米，大豆播深3~5厘米。另一种结构是镇压轮兼作限深轮，该结构在调整播深时，首先松开镇压限深轮锁紧螺钉，然后通过转动镇压轮的调深手柄就可以实现调节，通常顺时针转动时，镇压限深轮向下移动，播种深度减小，反则播深加大。还有一种播深调节就是参考播种单体后下方的深度标尺进行调试，调试好之后再拧紧锁紧螺钉固定好手柄即可。

5. 排种量的调整

（1）穴距的调整。穴距调整一般是通过调整变速箱挡位实现，在变速箱内设置了多个不同穴距的挡位，机手在调节时可按照播种穴距要求，通过变速箱上操作杆选择挡位即可。

（2）播量调整。例如，勺轮式排种器，排种隔板左上方设有一缺口，这个缺口就是排种器上的递种口。调节隔板的位置，就可调整播种量。递种口越高，播种量越小；递种口越低，播种量越大。

除此之外，可通过调整定位槽的位置来调整播量，隔板离定位槽越左，则播种量越大；隔板离定位槽越右，则播种量越小。

6. 施肥量调整

通过转动施肥量调节手轮实现排肥器水平移动，从而改变播种机的施肥量，调节时施肥量指针随着排肥器同步移动。当手轮顺时针旋转时，指针从“1”向“6”方向移动，施肥量增加。

施肥量的检查和调整具体方法为，利用拖拉机液压举升装置将播种机升起到地轮离开地面的位置，采用塑料口袋收集从排肥口排出的肥料，用手转动地轮1周，采集其中一个排肥盒排出的化肥，称出重量除以地轮的周长即为排肥器单位长度的施肥量(千克/米)。如果测出的每亩施肥量不合适，则重新调整，反复几次达到合适为止。

(三) 机播作业注意事项

（1）播种过程中要保证机具匀速直线前行；转弯过程中应

将播种机提升，防止开沟器出现堵塞；行走播种期间，严禁拖拉机急转弯或者带着入土的开沟器倒退，避免造成播种施肥机不必要的损害。

（2）在播种过程中必须对田间播种的效果进行定期检查。随机抽取3~5个点进行漏播和重播检测以及播深检查，看其是否达到规定的播种要求。通过指定一定距离的行数计测，检查播种行距是否符合规定要求，相邻作业单元间隔之间的行距误差是否满足规定要求，并检查播种的直线程度。

（3）播种机在使用的过程中应密切观察机器的运转情况，发现异常及时停车检查。当种子和肥料的可用量少于容积的1/3时，应及时添加种子和化肥，避免播种机空转造成漏播现象。

（4）转弯时两个生产单元链接处切忌太宽。玉米窄行距应控制在40厘米以内；大豆带中的链接行距应控制在40厘米以内。

第四章　大豆玉米带状间作复合种植田间管理技术

第一节　施肥管理

一、大豆玉米需肥特点

（一）大豆需肥特点

1. 大豆生长所需营养元素

营养元素是大豆生长发育和产量形成的物质基础。据测算，大豆对各种营养元素的需要量如下：150 千克大豆需氮素 10 千克、五氧化二磷 2 千克、氧化钾 4 千克。大豆需肥量比禾谷类作物多，尤其是需氮量较多，大约是玉米的 2 倍，是水稻、小麦的 1.5~2 倍。此外，大豆还要吸收少量钙、镁、铁、硫、锰、锌、铜、硼、钼等中量元素和微量元素。大豆对这些元素吸收量虽然不多，但不可缺少，不能替代。大豆植株对营养的吸收和积累也不同于禾谷类作物。禾谷类作物到开花期，对氮、磷的吸收已近结束；而大豆到开花期吸收氮、磷、钾的量只占总量的 1/4~1/3。大豆进入现蕾开花后的生殖生长期，叶片和茎秆中氮素浓度不但不下降反而上升。大豆开花结荚期养分的积累速度最快，干物质积累量占总量的 2/3~3/4。

（1）大豆对氮肥的吸收。大豆除了吸收利用根瘤菌固定的生物氮外，还需从土壤中吸收氨态氮和硝态氮等无机氮。生物氮与无机氮对大豆生长所起作用不同，难以相互替代。生物氮促进大豆均衡的营养生长和生殖生长，无机氮则以促进营养生长为主。因此，必须根据大豆各生长发育时期对氮的吸收特点及固氮性能变化，合理施用无机氮肥。生育早期，大豆幼苗对土壤中的氮素吸收较少，根瘤菌固氮量低。开花期，大豆对氮的吸收达到高峰，且由开花到结荚鼓粒期，根瘤菌固氮量亦达到高峰，因此，该期所需大量氮素主要由生物氮提供。以后，根瘤菌固氮能力逐渐下降。种子发育期，大量氮素不断从植株的其他部分积累到种子内，需吸收大量氮素，而此时，根瘤菌固氮能力已衰退，就需从土壤中吸收氮素和叶面施氮予以补充。

（2）大豆对磷肥的吸收。大豆各生长发育时期对磷的吸收量不同。从出苗到初花期，吸收量占总吸收量的15%左右；开花至结荚期占65%；结荚至鼓粒期占20%左右；鼓粒至成熟期对磷吸收很少。大豆生育前期，吸磷不多，但对磷素敏感。施用磷肥，可促进根系生长，增加根瘤，增强固氮能力，协调施氮促进苗期生长与抑制根瘤生长间的矛盾。此期缺磷，营养生长受到抑制，植株矮化，并延迟生殖生长，开花期花量减少，即使后期得到补给，也很难恢复，直接影响产量。磷对大豆根瘤菌的共生固氮作用十分重要，施氮配合施磷能达到以磷促氮的效果。不仅在幼苗期施磷有以磷促氮的作用，在花期，磷、氮配合施用也可以磷来促进根瘤菌固氮，增加花量。既能促进营养生长，又有利于生殖生长，以磷的增花、氮的增粒来共同达到加速花、荚、粒的协调发育。施用磷肥时应注意考虑下列方面：一是保证苗期磷素供应，尽量用作基肥或种肥；二是开花到结荚期吸收量大增，可适量追施；三是施磷与施氮配合。根据土壤中氮、磷原有状况，一般采用氮磷比为1：2、1：2.5和1：3等配比。

（3）大豆对钾、钙的吸收。大豆植株含钾量很高。大豆对钾的吸收主要在幼苗期至开花结荚期，生长后期植株茎叶的钾则迅速向荚、粒中转移。钾在大豆的幼苗期可加速营养生长。苗期，大豆吸钾量多于氮、磷量；开花结荚期吸钾速度加快，结荚后期达到顶峰；鼓粒期吸收速度降低。钙在大豆植株中含量较多，是常量元素和灰分元素。钙主要存在于老龄叶片之中。但是过多的钙会影响钾和镁的吸收比例。在酸性土壤中，钙可调节土壤酸碱度，以利于大豆生长和根瘤菌的繁殖。

（4）大豆对微量元素的吸收。大豆的微量元素主要有钼、硼、锌、锰、铁、铜等。这些元素在植株体内含量虽少，但当缺乏某种微量元素时，生长发育就会受抑制，导致减产和品质下降，严重的甚至无收。因而，只有合理施用微量元素才能达到提高产量、改善品质的目的。例如，大豆对钼的需要量是其他作物的 100 倍。钼是大豆根瘤菌固氮酶不可缺少的元素。施钼能促进大豆种子萌发，提前开花、结荚和成熟，提高产量因素（荚数、荚粒数、粒重）和品质，一般可增产 5%～10%。

2. 大豆缺肥症状

大豆在生育期中若缺乏某一营养元素，就会出现不正常的形态和颜色。可以根据大豆的缺肥症状，判断某一营养元素的缺乏后积极加以补救。

（1）缺氮症状。先是真叶发黄，严重时从下向上黄化，直至顶部新叶。在复叶上沿叶脉有平行的连续或不连续铁色斑块，褪绿从叶尖向基部扩展，乃至全叶呈浅黄色，叶脉也失绿。叶小而薄，易脱落，茎细长。

（2）缺磷症状。根瘤少，茎细长，植株下部叶色深绿，叶厚，凹凸不平，狭长。缺磷严重时，叶脉黄褐，后全叶呈黄色。

（3）缺钾症状。叶片黄化，症状从下位叶向上位叶发展。

叶缘开始产生失绿斑点，扩大成块，斑块相连，向叶中心蔓延，后仅叶脉周围呈绿色。黄化叶难以恢复，叶薄，易脱落。缺钾严重的植株只能发育至荚期。根短、根瘤少。植株瘦弱。

（4）缺钙症状。叶黄化并有棕色小点。先从叶中部和叶尖开始，叶缘、叶脉仍为绿色。叶缘下垂、扭曲，叶小、狭长，叶端呈尖钩状。缺钙严重时顶芽枯死，上部叶腋中长出新叶，不久也变黄。延迟成熟。

（5）缺镁症状。在3叶期即可显症，多发生在植株下部。叶小，叶有灰条斑，斑块外围色深。有的病叶反张、上卷，有时皱叶部位同时出现橙、绿两色相嵌斑或网状叶脉分割的橘红斑；个别中部叶脉红褐，成熟时变黑。叶缘、叶脉平整光滑。

（6）缺硫症状。叶脉、叶肉均生米黄色大斑块，染病叶易脱落，迟熟。

（7）缺铁症状。叶柄、茎黄色，比缺铜时的黄色要深。植株顶部功能叶中出现，分枝上的嫩叶也易发病。一般仅见主、支脉，叶尖为浅绿色。

（8）缺硼症状。4片复叶后开始发病，花期进入盛发期。新叶失绿，叶肉出现浓淡相间斑块，上位叶较下位叶色淡，叶小、厚、脆。缺硼严重时，顶部新叶皱缩或扭曲，上、下反张，个别呈筒状，有时叶背局部现红褐色。蕾期发育受阻停滞，迟熟。主根短、根颈部膨大，根瘤小而少。

（9）缺锰症状。上位叶失绿，叶两侧生橘红色斑，斑中有1~3个针孔大小的暗红色点，后沿脉呈均匀分布、大小一致的褐点，形状如蝌蚪。后期，新叶叶脉两侧着生针孔大小的黑点，新叶卷成荷花状，全叶色黄，黑点消失，叶脱落。严重时顶芽枯死，迟熟。

（10）缺铜症状。植株上部复叶的叶脉绿色，余呈浅黄色，

有时生较大的白斑。新叶小、丛生。缺铜严重时，在叶两侧、叶尖等处有不成片或成片的黄斑，斑块部位易卷曲呈筒状，植株矮小，严重时不能结实。

（11）缺锌症状。下位叶有失绿特征或有枯斑，叶狭长，扭曲，叶色较浅。植株纤细，迟熟。

（12）缺钼症状。上位叶色浅，主、支脉色更浅。支脉间出现连片的黄斑，叶尖易失绿，后黄斑颜色加深至浅棕色。有的叶片凹凸不平且扭曲。有的主叶脉中央呈白色线状。

（二）玉米需肥特点

1. 玉米生长所需营养元素

玉米植株高大，是高产作物。玉米生长所需要的营养元素有20多种，其中必需的大量元素有碳、氢、氧、氮、磷、钾6种；中量元素有钙、镁、硫3种；微量元素有铁、锰、铜、锌、硼、钼、氯7种。玉米对氮、磷、钾吸收数量受土壤、肥料、气候及种植方式的影响，有较大变化。实验结果表明，每生产100千克的籽粒，春玉米需要吸收纯氮2.9~3.1千克、纯磷1.35~1.65千克、纯钾2.52~3.27千克，春玉米氮、磷、钾吸收比例大致为1∶0.5∶1。在不同的生育阶段，玉米对氮、磷、钾的吸收是不同的。从元素敏感性来说，玉米苗期对磷肥特别敏感，拔节前后对钾肥敏感，抽雄前对氮肥敏感。从吸收量来看，对氮、磷、钾三要素的吸收量都表现出苗期少、拔节期显著增加、孕穗到抽穗期达到最高峰的需肥特点。从需求强度分析，玉米氮磷吸收的最大强度时期，出现在小喇叭口至抽雄期；钾吸收的最大时期，出现在大喇叭口至抽雄期。

（1）氮的生理作用。氮是玉米进行生命活动所必需的重要元素，对玉米植株的生长发育影响最大。玉米植株营养器官的建成和生殖器官的发育是蛋白质代谢的结果，没有氮素玉米就不能进行正常的生命活动；氮又是构成酶的重要成分，酶参加许多生理生化反应；氮还是形成叶绿素的必需成分之一，而叶绿素则是叶片制造“粮食”的工厂；构成细胞的重要物质核酸、磷脂以及某些激素也含有氮，植株体内一些维生素和生物碱缺少了氮也不能合成。

（2）磷的生理作用。磷是细胞的重要成分之一，磷进入根系后很快转化成磷脂、核酸和某些辅酶等，对根尖细胞的分裂生长和幼嫩细胞的增殖有显著的促进作用，有助于苗期根系的生长。磷还可以提高细胞原生质的黏滞性、耐热性和保水能力，降低玉米在高温下的蒸腾温度，从而可以增加玉米的耐旱能力。磷素直接参与糖、蛋白质和脂肪的代谢，对玉米生长发育和各种生理过程均有促进作用。因此，提供充足的磷不仅能促进幼苗生长，还能增加后期的籽粒数，在玉米生长的中后期，磷能促进茎、叶中糖和淀粉的合成及糖向籽粒中的转移，从而增加千粒重，提高产量，改善品质。

（3）钾的生理作用。钾在玉米植株中完全呈离子状态，不参与任何有机化合物的组成，但钾几乎在玉米的每一个重要生理过程中起作用。钾主要集中在玉米植株最活跃的部位，对多种酶起活化剂的作用，可激活呼吸作用过程中的果糖磷酸激酶、丙酮酸磷酸激酶等，因此，钾能促进呼吸作用。

钾能促进玉米植株糖的合成和转化。钾素充足时，有利于单糖合成更多的蔗糖、淀粉、纤维素和木质素，茎秆机械组织发育良好，厚角组织发达，增强植株的抗倒伏能力。钾能促进核酸和蛋白质的合成，可以调节气孔的开闭，减少水分散失，提高水分利用率，增强玉米的耐旱能力。

（4）钙的生理功能。钙是细胞壁的结构成分，钙能促进细胞分裂和分生组织生长，新细胞形成需要充足的钙。钙影响玉米

体内氮的代谢，能提高线粒体的蛋白质含量，能活化硝酸还原酶，促进硝态氮的还原和吸收，对稳定生物膜的渗透性起重要作用。钙能提高玉米耐旱性、幼苗的抗盐性。

（5）镁的生理功能。镁是叶绿素的构成元素，与光合作用直接有关。缺镁则叶绿素含量较少，叶片褪绿。镁是许多酶的活化剂，有利于玉米体内的磷酸化、氨基化等代谢反应。镁能促进脂肪的合成，高油玉米需要更充分的镁素供应。镁参与氮的代谢，促进磷的吸收、运转和同化，提高磷肥的效果。

（6）硫的生理功能。硫是蛋白质和酶的组成元素。供硫不足会影响蛋白质的合成，导致非蛋白质氮积累，影响玉米生长发育。

（7）锌的生理功能。锌是玉米体内多种酶的组成成分，参与一系列的生理过程。无氧呼吸中乙醇脱氧酶需要锌激活，因而充足的锌对玉米植株耐涝性有一定作用。锌参与玉米体内生长素的形成，缺锌生长素含量低，细胞壁不能伸长而使植株节间缩短，生长减慢，植株矮化，生长期延长。

（8）锰的生理功能。锰在酶系统中的作用是一个激活剂，直接参与水的光解，促进糖类的同化和叶绿素的形成，影响光合作用。锰还参与硝态氮的还原氨的作用，与氮素代谢有密切关系。锰在植株体内运转速度很慢，一旦输送到某一部位，就不可能再转送到新的生长区域。因此，缺锰时首先出现在新叶上。

（9）铜的生理功能。铜是玉米体内多种酶的组成成分，参与许多主要的代谢过程。铜与叶绿素形成有关，叶绿体中含有较多的铜。缺铜时叶片易失绿变黄。铜还参与蛋白质和糖类代谢。

（10）钼的生理功能。钼是硝酸还原酶的组成成分，能促进硝态氮的同化作用，使玉米吸收的硝态氮还原成氨，缺钼时这一过程受到抑制。钼被认为是植株中过量铜、硼、镍、锰和锌的解毒剂。

(11) 铁的生理功能。铁是叶绿素的组成成分，玉米叶子中95%的铁存在于叶绿体中。铁不是叶绿素的成分，但参与叶绿素的形成，是光合作用不可缺少的元素。铁还是细胞色素氧化酶、过氧化酶和过氧化氢酶的成分，与呼吸作用有关。铁影响玉米的氮代谢，增加玉米新叶中硝酸还原酶的活性和水溶性蛋白质的含量。

2. 玉米缺肥症状

(1) 缺氮症状。玉米缺氮时，幼苗瘦弱。叶片呈黄绿色，植株矮小。氮是可移动元素，所以叶片发黄从植株下部的老叶片开始，首先叶尖发黄，逐渐沿中脉扩展呈楔形，叶片中部较边缘部分先褪绿变黄，叶脉略带红色。当整个叶片都褪绿变黄后，叶鞘将变成红色，不久整个叶片变成黄褐色而枯死。植株中部叶片呈淡绿色，上部细嫩叶片仍呈绿色。如果玉米生长后期仍不能吸收到足够的氮，其抽穗期将延迟，雌穗不能正常发育，导致严重减产。

(2) 缺磷症状。玉米缺磷，最突出的特征是幼苗期叶尖和叶缘呈紫红色，其余部分呈绿色或灰绿色。叶片无光泽，茎秆细弱。随着植株生长，紫红色会逐渐消失，下部叶片变成黄色。还有的杂交种即使在缺磷的情况下，其幼苗也不表现紫红色症状，但缺磷植株明显低于正常植株。诊断时，要结合品种特性综合分析。玉米缺磷还会影响授粉与灌浆，导致果穗短小、弯曲、严重秃尖，籽粒排列不整齐、瘪粒多、成熟慢。

(3) 缺钾症状。玉米缺钾时，幼叶呈黄色或黄绿色。植株生长缓慢，节间变短，矮小瘦弱，支撑根减少，抗逆性减弱，容易遭受病虫害侵袭。缺钾的玉米植株，下部老叶叶尖黄化，叶缘

焦枯，并逐渐向整个叶片的脉间区扩展，沿叶脉产生棕色条纹，并逐渐坏死，但上部叶片仍保持绿色，在成熟期容易倒伏。在缺钾地块过量施用氮肥会加重植株倒伏，果穗发育不良或出现秃尖，籽粒瘪小，产量降低。天气干旱或土壤速效钾和缓效钾含量长期低时，容易导致玉米缺钾。

（4）缺钙症状。玉米缺钙的最明显症状是叶片的叶尖相互粘连，叶不能正常伸展。这是由叶片叶尖部分产生的胶质类物质造成的。新叶顶端不易展开，有时卷曲呈鞭状，老叶尖部常焦枯呈棕色。叶缘黄化，有时呈白色锯齿状不规则破裂。植株明显矮化。

（5）缺镁症状。玉米缺镁时多在基部的老叶上先表现症状，叶脉间出现淡黄色条纹，后变为白色，但叶脉一直呈绿色。随着时间延长，白色条纹逐渐干枯，形成枯斑，老叶呈紫红色。严重缺镁时，叶尖、叶缘黄化枯死，甚至整个叶片变黄。氮、磷、钾肥施用过量或湿润地区的沙质土壤容易导致玉米缺镁。

（6）缺硫症状。玉米缺硫时的典型症状是幼叶失绿。苗期缺硫时，新叶先黄化，随后茎和叶变红。缺硫时新叶呈均一的黄色，有时叶尖、叶基部保持浅绿色，老叶基部发红。缺硫植株矮小瘦弱、茎细而僵直。玉米缺硫的症状与缺氮症状相似，但缺氮是在老叶上首先表现症状，而缺硫却是首先在嫩叶上表现症状，因为硫在玉米体内是不易移动的。

（7）缺锌症状。玉米缺锌症状分早期和后期两个阶段。玉米幼苗期缺锌（出苗后 10 天左右）新生叶的叶脉间失绿，呈淡黄色或白色，叶片基部 2/3 处尤为明显，故称“白苗病”；叶鞘呈紫色，幼苗基部变粗，植株变矮。玉米中后期缺锌，表现叶脉间失绿，形成淡黄色和淡绿色相间条纹，严重时叶上出现棕褐色坏死斑，使抽雄、吐丝延迟，果穗秃顶或缺粒。

(8) 缺锰症状。锰在植株体内运转速度很慢，一旦输送到某一部位，就不可能再传送到新的生长中心。因此，缺锰时，缺素症状首先出现在新叶上。缺锰现象多发生在 pH 值＞6.5 的石灰性土壤或施石灰过多的酸性土壤中。

玉米缺锰，幼叶叶脉间组织逐渐变黄，叶脉及其附近部分叶肉组织仍保持绿色，因而形成黄绿相间的条纹，且叶片弯曲下披。严重时，叶子出现白色条纹，中央变成棕色，进而枯死脱落。

(9) 缺铜症状。铜在植株体内以络合态存在，不易移动，玉米缺铜时，最先出现在最嫩叶片上，叶片刚长出就黄化。严重缺铜，植株矮小，嫩叶缺绿，老叶像缺钾一样出现边缘坏死，茎秆易弯曲。

(10) 缺钼症状。玉米种子播在缺钼土壤上，种子萌发慢，有的幼苗扭曲，在生长早期就可能死亡。植株缺钼，生长缓慢且矮小，叶尖干枯，叶片上出现黄褐色斑纹，老叶片叶脉间肿大，并向下卷曲，失绿变黄，类似缺氮，边缘焦枯向内卷曲。

(11) 缺铁症状。玉米缺铁时，幼叶失绿黄化，中下部叶片出现黄绿相间的条纹。严重缺铁，叶脉变黄，叶片变白，植株严重矮化。玉米缺铁现象比较少见，只有在土壤紧实、潮湿、通气差、pH 值高或气候较冷的条件下才可能出现。

二、施肥原则和施肥量

(一) 施肥原则

大豆玉米带状复合种植系统的肥料施用必须坚持“减量、协同、高效、环保”的总方针。减量要求减少氮肥用量、保证

磷钾肥用量，减少大豆用氮量、保证玉米用氮量；协同则要求肥料施用过程中将玉米、大豆统筹考虑，相对单作不单独增加施肥作业环节和工作量，实现一体化施肥；高效与环保要求肥料产品及施肥工具必须确保高效利用，降低氮、磷损失。在此指导下，根据大豆玉米带状复合种植的作物需肥特点及共生特性，施肥时遵守“一施两用、前施后用、生（物肥）化（肥）结合”的原则。

1. 一施两用

在满足主要作物玉米需肥时兼顾大豆氮、磷、钾需要，实现一次施肥，玉米、大豆共同享用。

2. 前施后用

为减少施肥次数，有条件的地方尽量选用缓释肥或控释肥，实现底（种）追合一，前施后用。

3. 生（物肥）化（肥）结合

大豆玉米带状复合种植的优势之一就是利用根瘤固氮。大豆结瘤过程中需要一定数量的“起爆氮”，但土壤氮素过高又会抑制结瘤。因此，施肥时既要根据玉米需氮量施足化肥，又要根据当地土壤根瘤菌存活情况对大豆进行根瘤菌接种，或施用生物（菌）肥，以增强大豆的结瘤固氮能力。

（二）施肥量的计算

为充分发挥大豆的固氮能力，提高作物的肥料利用率，大豆玉米带状复合种植亩施氮量比单作玉米、单作大豆的总施氮量可降低 4 千克，须保证玉米单株施氮量与单作相同。

大豆玉米带状间作区的玉米选用高氮缓控释肥，每亩施用 50~65 千克（折合纯氮 14~18 千克/亩，$N:P_2O_5:K_2O=28:8:6$），大豆选用低氮缓控释肥，每亩施用 15~20 千克（折合纯氮 2.0~3.0 千克/亩，$N:P_2O_5:K_2O=14:15:14$）。

三、施肥方式

（一）氮磷钾的施肥方式

带状复合种植下的玉米、大豆氮磷钾施肥需统筹考虑，不按传统单作施肥习惯，且需结合播种施肥机一次性完成播种施肥作业，根据各生态区气候土壤与生产特性差异，可采用以下几种施肥方式。

1. 一次性施肥方式

黄淮海、西北及西南大豆玉米带状间作地区可采用一次性施肥方式，在播种时以种肥形式全部施入，肥料以玉米、大豆专用缓释肥或复合肥为主，如玉米专用复合肥或控释肥（如 N：P_2O_5：K_2O=28：8：6），每亩 50~70 千克；大豆专用复合肥（如 N：P_2O_5：K_2O=14：15：14），每亩 15~20 千克。利用 2BYSF-5（6）型大豆玉米间作播种施肥机一次性完成播种施肥作业，玉米施肥器位于玉米带两侧 15~20 厘米开沟，大豆施肥器则在大豆带内行间开沟，各施肥单体下肥量参照表 4-1。

表 4-1　玉米种肥施肥单体下肥量及计算方法速查表

单位：千克/10 米

复合肥含氮（%）	全田平均行距（厘米）								
	100	105	110	115	120	125	130	135	140
20	0.90	0.94	0.99	1.03	1.08	1.12	1.17	1.21	1.26
21	0.85	0.90	0.94	0.98	1.03	1.07	1.11	1.15	1.20
22	0.81	0.85	0.89	0.93	0.97	1.01	1.05	1.09	1.13
23	0.78	0.82	0.86	0.90	0.94	0.97	1.01	1.05	1.09
24	0.75	0.79	0.82	0.86	0.90	0.94	0.97	1.01	1.05
25	0.72	0.76	0.79	0.83	0.86	0.90	0.94	0.97	1.01

（续表）

复合肥含氮（%）	全田平均行距（厘米）								
	100	105	110	115	120	125	130	135	140
26	0.69	0.72	0.76	0.79	0.83	0.86	0.90	0.93	0.97
27	0.66	0.69	0.73	0.76	0.79	0.82	0.86	0.89	0.92
28	0.64	0.68	0.71	0.74	0.77	0.81	0.84	0.87	0.90
29	0.61	0.65	0.68	0.71	0.74	0.77	0.80	0.83	0.86
30	0.60	0.63	0.66	0.69	0.72	0.75	0.78	0.81	0.84

2. 两段式施肥方式

西南西北带状间作区可根据当地整地习惯选择不同施肥方式，一种是底肥+种肥，适合需要整地的春玉米间春大豆模式，底肥采用全田撒施低氮复合肥（如 $N：P_2O_5：K_2O=14：15：14$），用氮量以大豆需氮量为上限（每亩不超过4千克纯氮）；播种时，利用施肥播种机对玉米添加种肥，玉米种肥以缓释肥为主，施肥量参照当地单作玉米单株用肥量，大豆不添加种肥。另一种是种肥+追肥，适合不整地的夏玉米带状间作夏大豆，播种时，利用大豆玉米带状间作施肥播种机分别施肥，大豆施用低氮量复合肥，玉米按当地单作玉米总需氮量的一半（每亩6~9千克纯氮）施加玉米专用复合肥；待玉米大喇叭口期时，追施尿素或玉米专用复合肥（每亩6~9千克纯氮）。计算方法：亩用肥量（千克/亩）=每亩施纯氮量×100/复合肥含氮百分率；每个播种单体10米下肥量（千克/10米）=［亩用肥量×10米×平均行距（厘米）/100（换算成米）］/667平方米；按每亩种肥12千克纯氮计，每增加（减少）1千克纯氮，每10米下肥量增加（减少）75克。

西南大豆玉米带状套作区，采用种肥与追肥两段式施肥方式，即玉米播种时每亩施 25 千克玉米专用复合肥（N：P_2O_5：K_2O=28：8：6），利用玉米播种施肥机同步完成施肥播种作业；玉米大喇叭口期将玉米追肥和大豆底肥结合施用，每亩施纯氮 7~9 千克、五氧化二磷 3~5 千克、氯化钾 3~5 千克，肥料选用氮磷钾含量与此配比相当的颗粒复合肥，如 N：P_2O_5：K_2O=14：15：14，每亩施用 45 千克，在玉米带外侧 15~25 厘米处开沟施入，或利用 2BYSF-3 型大豆施肥播种机同步完成施肥播种作业。

3. 三段式施肥方式

针对西北、东北等大豆玉米带状间作不能施加缓释肥的地区，采用底肥、种肥与追肥三段式施肥方式。

底肥以低氮量复合肥与有机肥结合，每亩纯氮不超过 4 千克，磷钾肥用量可根据当地单作玉米、大豆施用量确定，可采用带状复合种植专用底肥（N：P_2O_5：K_2O=14：15：14），每亩撒施 25 千克（折合纯氮 3.5 千克/亩）；有机肥可利用当地较多的牲畜粪尿，每亩 300~400 千克，结合整地深翻土中，有条件的地方可添加生物有机肥，每亩 25~50 千克。

种肥仅针对玉米施用，每亩施氮量 10~14 千克，选用带状间作玉米专用种肥（N：P_2O_5：K_2O=28：8：6），每亩 40~50 千克，利用大豆玉米带状间作施肥播种机同步完成播种施肥作业。

追肥，通常在基肥与种肥不足时施用，可在玉米大喇叭口期对长势较弱的地块利用简易式追肥器在玉米两侧（15~25 厘米）追施尿素 10~15 千克（具体用氮量可根据总需氮量和已施氮量计算），切忌在灌溉地区将肥料混入灌溉水中对田块进行漫灌，否则造成大豆因吸入大量氮肥而疯长，花荚大量脱落，植株严重倒伏，产量严重下降。

（二）微肥的施肥方式

微肥施用通常有基施、种子处理与叶面喷施3种方法。土壤缺素普遍的地区通常以基施和种子处理为主，其他零星缺素田块以叶面喷施为主。施用时，根据土壤中微量元素缺失情况进行补施，缺什么补什么，如果多种微量元素缺失则同时添加，施用时玉米、大豆同步施用。

1. 基施

适合基施的微肥主要有锌肥、硼肥、锰肥、铁肥，适合于西北、东北等先整地后播种的大豆玉米带状间作地区，与有机肥或磷肥混合作基肥同步施用。每亩施硫酸锌1~2千克、硫酸锰1~2千克、硫酸亚铁5~6千克、硼砂0.3~0.5千克，与腐熟农家肥或其他磷肥、有机肥等混合施入垄沟内或条施。硼砂作基肥时不可直接接触玉米或大豆种子，不宜深翻或撒施，不要过量施用，否则会降低出苗率，甚至死苗减产；基施硼肥后效明显，不需要每年施用。

2. 叶面喷施

在免耕播种地区，对于前期未进行微肥基施或种子处理的田块，可视田间缺素症状及时采用叶面混合一次性喷施方式进行根外追肥。在玉米拔节期或大豆开花初期、结荚初期各喷施1次0.1%~0.3%硫酸锌、硼砂、硫酸锰和硫酸亚铁混合溶液，每亩施用药液40~50千克。锰肥喷施时可在稀释后的药液中加入0.15%熟石灰，以免烧伤作物叶片；铁肥喷施时可配合适量尿素，以提高施用效果。

此外，针对大豆苗期受玉米荫蔽影响、植株细小易倒伏等问题，可在带状套作大豆苗期（V1期，第一片三出复叶全展）喷施“太谷乐”离子钛，原液浓度为每升4克，施用时将原液稀释1 000~1 500倍，即10毫升（1瓶盖）原液加水10~15千克搅匀后喷施。针对大豆缺钼导致根瘤生长不好、固氮能力下降等问题，可在大豆开花初期、结荚初期喷施0.05%~0.1%钼酸铵液，每亩施用药液30~40千克。

第二节　水分管理

一、大豆玉米需水规律

（一）大豆需水规律

大豆是需水较多的作物，平均每株大豆生育期内需水17.5~30千克。大豆在不同生长阶段耗水量差异很大，土壤水分含量过低或过高，都会影响大豆的正常生长。

1. 播种期

大豆籽粒大，蛋白质和脂肪含量高，发芽需要较多的水分，吸水量相当于自身重量的120%~140%。此时土壤含水量20%~24%较为适宜。

2. 幼苗期

根系生长较快，茎叶生长较慢，此时土壤水分可以略少一些，有利于根系深扎。大豆幼苗期耗水量占整个生育期的13%左右。此期间以土壤湿度20%~30%、田间持水量60%~65%为宜。

3. 分枝期

该阶段是大豆茎叶开始繁茂、花芽开始分化的时期，若此时水分不足，会影响植株的生长发育；水分过多，又容易造成徒长。此时土壤湿度以保持田间持水量的65%~70%为宜。若土壤湿度低于20%，应适量灌水，并及时中耕松土，灌水量宜小不宜大。

4. 开花结荚期

该时期营养生长和生殖生长都很旺盛，并且这时气温高，蒸

腾作用强烈，需水量猛增，是大豆生育期中需水量最多的时期，约占全生育期的45%。水分不足会造成植株生长受阻、花荚脱落，导致减产，此时期土壤水分不应低于田间持水量的65%~70%，以最大持水量的80%为宜。

5. 结荚鼓粒期

该时期大豆枝繁叶茂，耗水量大，是大豆需水的关键时期。充足的水分才能保证鼓粒充足，粒大饱满。此时缺水易发生早衰，造成秕粒，影响产量。此时期应保持田间持水量的70%~80%。但水分过多，会造成大豆贪青晚熟。

6. 成熟期

水分适宜，则大豆籽粒饱满，豆叶逐渐转黄、脱落，进入正常成熟过程，无早衰现象。若水分缺乏，则豆叶不经转黄即枯萎脱落，豆荚秕瘦，百粒重下降。但水分也不宜过多，否则对大豆成熟不利。此期间田间持水量以20%~30%为宜，可保证豆叶正常逐渐转黄、脱落，无早衰现象。

（二）玉米需水规律

玉米喜暖湿气候，对水分极为敏感。玉米各生育期的需水量是两头小、中间大。玉米不同生育期对水分的需求有不同的特点。

1. 播种期

玉米出苗的适宜土壤水分为田间持水量的80%左右，土壤过干、过湿，均不利于玉米种子发芽、出苗。在黄淮海地区，夏玉米播种时间一般在6月上中旬，此时农田土壤的水分已被小麦消耗殆尽，又是干旱少雨季节，耕层土壤水分不利于夏玉米出苗，下层土壤水分也不能及时向上层移动供给种子发芽以满足出苗需要。这时如果播种，只有等待浇水或降水，否则不能及时出苗，更不能保证苗全、苗壮。因此，播种时要根据土壤墒情及时浇水，可在小麦收获前浇水造墒，麦收后适墒播种；或小麦收后尽快浇水造墒，再播种；或播后浇“蒙头水”，微喷、滴灌等。

2. 苗期

玉米从出苗到拔节的前阶段为苗期，为了促进根系生长可适当控水蹲苗，以利于根系向纵深发展。此时根系生长快，根量增加，茎部节间粗短，利于提高后期的抗倒伏能力。但是否蹲苗应根据苗情而定，经验是“蹲黑不蹲黄、蹲肥不蹲瘦、蹲湿不蹲干”。玉米苗黑绿色、地力肥沃、墒情好的地块可以蹲苗，反之苗瘦、苗黄、地力薄的不宜蹲苗。

3. 拔节期

拔节初期（小喇叭口期，一般在7月上旬），玉米开始进入穗分化阶段，属于水分敏感期，此阶段夏玉米对水分的敏感指数为0.131，仅次于抽穗灌浆阶段，这个时期如果高温干旱缺水会造成植株矮小，叶片短窄，叶面积小，还会影响玉米果穗的发育，甚至雄穗抽不出，形成“卡脖旱”。尤其是近几年高温干旱热害天气出现的时间比较长，直接影响玉米后期果穗畸形、花粒，进而造成减产。此时如果土壤干旱应及时灌水，或者使用喷灌、滴灌来改善田间小环境，确保夏玉米拔节、穗分化与抽穗、穗部发育等过程对水分的需求。

4. 花粒期

夏玉米从抽雄穗开始到灌浆为水分最敏感时期，此时的敏感指数为0.17以上，要求田间土壤含水量在80%左右为宜。俗话说“春旱不算旱，秋旱减一半”，可见水分在这个时期的重要性。如果土壤水分不足，就会出现抽穗开花持续时间短、不孕花粉量增多、雌穗花丝寿命短、不能授粉或授粉不全、空秆率上升、籽粒发育不良、穗粒数明显减少、秃尖多等现象，造成严重减产。黄淮海地区7—9月降水较多，一般情况下，不需要灌水

就可以满足玉米的正常生长发育。但有时还有伏旱发生，必须根据墒情及时灌水。

（三）大豆玉米带状复合种植区域大豆玉米吸水规律

大豆玉米带状复合种植系统中，作物优先在自己的区域吸收水分，玉米带2行玉米，行距窄，根系多而集中，对玉米行吸收水分较多，大豆带植株个体偏小，属于直根系，对浅层水分吸收少，对深层水吸收较多。可见，大豆、玉米植株对土壤水分吸收不同是土壤水分分布不均的原因之一。同时，玉米带行距窄导致穿透降雨偏少，而大豆带受高大玉米植株影响小，获得的降水较多，导致大豆、玉米带状复合种植水分分布特点有别于单作玉米和单作大豆。大豆、玉米带状复合种植系统在20~40厘米土层范围的土壤含水量分布为玉米带＜玉豆带间＜大豆带，且高于单作。带状复合种植水分利用率高于单作玉米和单作大豆。

二、大豆玉米灌溉与保墒

灌区大豆玉米带状间作复合种植要充分考虑大豆、玉米对水分需求，统筹考虑灌水时期和灌水量，协调好大豆头水灌水早、玉米头水灌水迟的矛盾，尽量协调既能满足大豆又能同时兼顾玉米迟灌头水促蹲苗壮苗的要求，合理统筹确定灌水时期和灌水量。为保证大豆正常生长，在不影响玉米蹲苗的前提下，适当将大豆玉米复合种植头水灌水时期较正常略有提前，一般根据当季降水情况及土壤墒情可以考虑提前一周左右，通常在6月上旬末期至6月中旬根据具体情况确定是否灌溉。

大豆玉米复合种植采取高效节水灌溉的全生育期应用水肥一体化技术，未灌冬水地块干播湿出，冬灌地块待出苗后根据玉米、大豆长势和当地土壤类型质地适时确定灌水周期和灌水量，一般玉米全生育期灌水200~220立方米，大豆全生育期灌水

160~200 立方米。干播湿出灌水 1 次，灌水量 20~25 立方米，苗期 1~2 次，每次 15~20 立方米，拔节期—抽雄期 5~7 天 1 次，每次 20~25 立方米；抽穗期—籽粒形成期 5~7 天 1 次，每次 25~30 立方米，玉米灌浆期—乳熟期和大豆结荚灌浆期根据降水情况决定是否灌溉，一般 7~10 天 1 次，每次 20~25 立方米。

旱作区大豆玉米带状复合种植，覆膜保墒是关键。为确保大豆玉米安全出苗，旱作区要根据气候变化早春覆膜或结合降水适时抢墒覆膜，尽最大可能将天然降水储存在土壤中。若采取播期覆膜，由于春季气温偏高，天气多风，整地覆膜同步进行，原则上整完地后不能过夜，坚决杜绝先整地后覆膜，确保大豆玉米播种后有足够墒情保证出全苗。大豆玉米出苗后要进行田间检查，避免因播种孔走位造成种苗烧伤，根据大豆玉米生育进程，结合降水情况适时进行玉米追肥。

三、水肥一体化滴灌系统

大豆玉米生长期应根据田间土壤水分和生长情况加强水肥管理，有条件的地方可采用水肥一体化滴灌方式精准灌溉施肥。精准灌溉施肥是指根据大豆和玉米生育进程的需水、需肥量不同分别灌溉。精准灌溉施肥，主要采用水肥一体化滴灌方式，通过铺设两条支管，大豆玉米的毛管分别接到不同的支管，实现灌水、施肥分离。

滴灌是指按照作物需求，将具有一定压力的水过滤后经管网和出水通道（滴灌带）或滴头以水滴的形式缓慢而均匀地滴入植物根部附近土壤的一种灌水技术。滴灌适应于黏土、沙壤土、轻壤土等，也适应各种复杂地形。滴灌系统主要由水源工程、首部枢纽工程、输配水管网、灌水器四部分组成。水肥一体化系统操作包括运行前的准备、灌溉操作、施肥操作、轮灌组更替和结

束运行前的操作等工作。

四、大豆玉米防渍

大豆玉米间作种植时，对容易发生内涝的地块，要采用机械排水和挖沟排水等措施，及时排除田间积水和耕层滞水，有条件的可以中耕松土施肥，或喷施叶面肥。

（一）大豆防渍

田间渍水是大豆生产中常见的灾害现象，容易胁迫抑制大豆植株生长，扰乱大豆正常生理功能，使大豆产量和品质受到严重影响，造成株高降低，叶面积指数减小，根系发育受阻，根干重和根体积降低，叶色值和净光合速率降低，渗透调节物质和保护酶活性均会发生变化。

1. 苗期

大豆播种后，要及时开好田间排水沟，使沟渠相通，保证降水时畦面无积水，防止烂种。如果抗旱灌水时，切忌大水漫灌，以免影响幼苗生长。如果雨水较大，田间出现大量积水时，要及时疏通沟渠排除积水，避免产生渍害，影响大豆、玉米生长。

2. 开花期

大豆虽然抗涝，但水分过多也会造成植株生长不良，造成落花落荚，甚至倒伏。如果开花期降水量大，土壤湿度超过田间持水量 80%以上时，大豆植株的生长发育同样会受到影响。如遇暴雨或连续阴雨造成渍水时，低洼地块要注意排水防涝，应及时排除田间积水，以降低土壤和空气湿度，促进植株正常生长。

3. 结荚鼓粒期

结荚鼓粒期，进入生殖生长旺盛时期，对水分需求量较大。如遇连续干旱，要及时浇水，并且小水浇灌，田间无明显积水。如遇暴雨天气，土壤积水量过多，会引起后期贪青迟熟，倒伏秕粒。因此，要及时排除田间积水，有条件的可在玉米行和大豆行间进行中耕，以除涝散墒。

（二）玉米防渍

1. 播种期

土壤干旱缺水影响玉米种子发芽与出苗，但土壤过湿、含水量偏高也不利于玉米出苗。若玉米播种时浇完水遇到降水，造成田间耕层土壤水分偏高，土壤通气性变差，时间过长易造成烂种。为此，播种出苗时也要求对过湿的地块进行排水，为玉米籽粒萌芽出苗创造好的条件。

2. 苗期

玉米苗期怕涝不怕旱。北方地区春季多旱，只要灌好播前水或“蒙头水”，土壤有好的底墒，就可以苗齐、苗全、苗壮。倘若土壤含水量过多，就会影响根系在土壤中吸收养分，植株发育不良。因此，应做好田间排水，避免苗期受涝渍危害。

3. 拔节期

玉米进入拔节期后是玉米由单纯的营养生长转为营养生长与生殖生长并行的时期。此期间营养旺盛，生殖器官逐渐分化形成，是玉米雌雄穗分化的主要时期。这个时期玉米需要有充足的土壤水分，但遇有暴雨积水，水分过多时也会影响玉米的发育，涝渍较严重的地块注意排湿除涝，增加根部活性，结合喷施叶面肥，促进水肥吸收。

4. 花粒期

黄淮海地区夏玉米灌浆期正值雨季，此时营养体已经形成并停止生长，尤其是玉米生长中后期，根系的活力逐渐减退，耐涝程度逐渐减弱。因此，必须做好雨季的防涝除渍准备，及时疏通排水沟，在遇到暴雨或连阴雨时要立即排涝，对低洼田块在排涝以后最好进行中耕，破除板结，疏松土壤，促进通气性，改善根

际环境，延长根系活力，减少涝灾危害。

第三节　化学调控

一、大豆控旺防倒技术

（一）大豆旺长的田间表现

在大豆生长过程中，如水肥条件较充足，特别是氮素营养过多，或密度过大，温度过高，光照不足，往往会造成地上部植株营养器官过度生长，枝叶繁茂，植株贪青，落花落荚，瘪荚多，产量和品质严重下降。

大豆旺长大多发生在开花结荚阶段，密度越大，叶片之间重叠性就越高，单位叶片所接收到的光照越少，导致光合速率下降，光合产物不足而减产。大豆旺长的鉴定指标及方法：从植株形态结构看，主茎过高，枝叶繁茂，通风透光性差，叶片封行，田间郁蔽；从叶片看，大豆上层叶片肥厚，颜色浓绿，叶片大小接近成人手掌；下部叶片泛黄，开始脱落；从花序看，除主茎上部有少量花序或结荚外，主茎下部及分枝的花序或荚较少、易脱落，有少量营养株（无花无荚）。

（二）大豆倒伏的田间表现

大豆玉米带状复合种植时，大豆会在不同生长时期受到玉米的荫蔽，从而影响其形态建成和产量。带状套作大豆苗期受到玉米遮阴，导致大豆节间过度伸长，株高增加，严重时主茎出现藤蔓化；茎秆变细，木质素含量下降，强度降低，易发生倒伏。苗期发生倒伏的大豆容易感染病虫害，死苗率高，导致基本苗不足；后期机械化收获困难，损失率极高。带状间作大豆与玉米同时播种，自播种后 40~50 天开始，玉米对大豆构成遮阴，直至收获。在此期间，间作大豆能接受的光照只有单作的40%左右，荫蔽会促使大豆株高增加，茎秆强度降低，后期发生倒伏，百粒重降低，机收困难。

(三) 常用化控药剂

目前生产中应用于大豆控旺防倒的生长调节剂主要为烯效唑或胺鲜酯。

烯效唑是一种高效低毒的植物生长延缓剂，具有强烈的生长调节功能。它被植物叶茎组织和根部吸收。进入植株后，通过木质部向顶部输送，抑制植株的纵向生长、促进横向生长，使植株变矮，一般可降低株高15~20厘米，分枝（分蘖）增多，茎枝变粗，同时促进茎秆中木质素合成，从而提高抗倒性和防止旺长。烯效唑纯品为白色结晶固体，能溶于丙酮、甲醇、乙酸乙酯、氯仿和二甲基甲酰胺等多种有机溶剂，难溶于水。生产上使用的烯效唑一般为含量5%可湿性粉剂。烯效唑的使用通常有两种方式。一种是种子拌种，大豆种子表面虽然看似光滑，但目前使用的烯效唑可湿性粉剂颗粒极细，且黏附性较强，采用干拌种即可。播种前，将选好的种子按田块需种量称好种子后置于塑料袋或盆桶中，按每千克种子用量16~20毫克添加5%烯效唑可湿性粉剂，其后来回抖动数次，拌种均匀后即时播种。另一种是叶面喷施，在大豆分枝期或初花期，每亩用5%烯效唑可湿性粉剂25~50克，兑水30千克喷雾使用，喷药时间选择在晴天下午，均匀喷施上部叶片即可，对生长较弱的植株、矮株不喷，药液要先配成母液再稀释使用。注意烯效唑施用剂量过多有药害，会导致植物烧伤、凋萎、生长不良、叶片畸形、落叶、落花、落果、晚熟。

胺鲜酯主要成分为叔胺类活性物质，能促进细胞的分裂和伸长，促进植株的光合速率，调节植株体内碳氮平衡，提高大豆开

花数和结荚数，结荚饱满。胺鲜酯一般选择在大豆初花期或结荚期喷施，用浓度为60毫克/升的98%的胺鲜酯可湿性粉剂，每亩喷施30~40千克，不要在高温烈日下喷洒，16时后喷药效果较好。喷后6小时若遇雨应减半补喷。使用不宜过频，间隔至少一周以上。胺鲜酯遇碱易分解，不宜与碱性农药混用。

（四）施药时期

大豆化控可以分别在播种期、始花期进行，利用烯效唑处理可以有效抑制植株顶端优势，促进分枝发生，延长营养生长期，培育壮苗，改善株型，利于田间通风透光，减轻大豆玉米间作种植模式中玉米对大豆的荫蔽作用，利于解决大豆玉米间作生产中争地、争时、争光的矛盾，为获取大豆高产打下良好的基础。

1. 播种期

大豆播种前，种子用5%烯效唑可湿性粉剂拌种，可有效抑制大豆苗期节间伸长，显著降低株高，达到防止倒伏的效果，还能够增加主茎节数，提高单株荚数、百粒重和产量，但拌种处理不好会降低大豆田间出苗率，因此，一定要严格控制剂量，并且科学拌种。可在播种前1~2天，每千克大豆种子用6~12毫克5%烯效唑可湿性粉剂拌种，晾干备用。

2. 开花期

开花期降水量增大，高温高湿天气容易使大豆旺长，造成枝叶繁茂、行间郁蔽，易落花落荚。长势过旺、行间郁闭的间作大豆，在初花期可叶面喷施5%烯效唑可湿性粉剂600~800倍液，控制节间伸长和旺长，促使大豆茎秆粗壮，降低株高，不易徒长，有效防止大豆后期倒伏，影响产量和收获质量。一定要根据间作大豆的田间生长情况施药，并严格控制烯效唑的施用量和施用时间。施药应在晴天16时以后，若喷药后2小时内遇雨，需晴天后再喷1次。

（五）大豆化控注意事项

大豆玉米间作种植时，可以利用烯效唑通过拌种、叶面喷施等方式，来改善大豆株型，延长叶片功能期与生育期，合理利用温、光条件，促进植株健壮生长，防止倒伏。但一定要严格控制烯效唑的施用量和施用时间。如果不利用烯效唑进行种子拌种，而采用叶面喷施化学调控药剂时，一般要在开花前进行茎叶喷施，化控时间过早或烯效唑过量，均会导致大豆生长停滞，影响产量。综合考虑烯效唑拌种能提高大豆出苗率，又利于施用操作和控制浓度，可研究把烯效唑做成缓释剂，对大豆种子进行包衣，简化烯效唑施用，便于大面积推广。

二、玉米化控降高技术

在适当的时期利用化学药剂进行调控，能够有效控制作物旺长，降低植株高度，增强茎秆抗倒性，减少倒伏，提高田间通风透光能力，有利于机械化收获。

（一）使用原则

适用于风大、易倒伏的地区和水肥条件较好、生长偏旺、种植密度大、品种易倒伏、对大豆遮阴严重的田块。密度合理、生长正常地块可不化控。根据不同化控药剂的要求，在其最适喷药的时期喷施。掌握合适的药剂浓度，均匀喷洒于上部叶片，不重喷不漏喷。喷药后6小时内如遇雨淋，可在雨后酌情减量再喷1次。

（二）常用化控药剂

1. 玉米健壮素

主要成分为2-氯乙基，一般可降低株高20～30厘米，降低穗位高15厘米，并促进根系生长，从而增强植株的抗倒能力。在7～10片展开叶用药最为适宜；每亩用1支药剂（30毫升

型）兑水 20 千克，均匀喷于上部叶片即可，不必上下左右都喷，对生长较弱的植株、矮株不能喷；药液要现配现用，选晴天喷施，喷后 4 小时遇雨要重喷，重喷时药量减半，如遇刮风天气，应顺风施药，并戴上口罩；健壮素不能与其他农药、化肥混合施用，以防失效；要注意喷后洗手，玉米健壮素原液有腐蚀性，勿与皮肤、衣物接触，喷药后要立即用肥皂洗手。

2. 金得乐

主要成分为乙烯类激素物质，能缩短节间长度，矮化株高，增粗茎秆，降低穗位 15~20 厘米，既抗倒，又减少对大豆的遮阴。一般在玉米 6~8 片展开叶时喷施；每亩用 1 袋（30 毫升）兑水 15~20 千克喷雾；可与微酸性或中性农药、化肥同时喷施。

3. 玉黄金

主要成分是胺鲜酯和乙烯利，通过降低穗位和株高而抗倒，减少对大豆的遮阴，降低玉米空秆和秃尖。在玉米田间生长到 6~12 片叶的时候进行喷洒；每亩地用两支（20 毫升）玉黄金兑水 30 千克稀释均匀后，利用喷雾器将药液均匀喷洒在玉米叶片上；尽量使用河水、湖水，水的 pH 值应为中性，不可使用碱性水或者硬度过大的深井水；如果长势不匀，可以喷大不喷小；在整个生育期，原则上只需喷施 1 次，如果植株矮化不够，可以在抽雄期再喷施 1 次，使用剂量和方法同前。

（三）施药时期和施用方法

1. 施药时期

根据化学调节剂的不同性质选择施药时期，一般最佳使用时期为玉米 6~10 叶期（完全展开叶）。在拔节期前喷药主要是控制玉米下部茎节的高度，拔节期后施用主要是控制上部茎节的高度。

2. 施用方法

间作玉米苗期施用氮肥过多，或雨水较大，往往会造成幼苗徒长。在玉米 6~10 片叶的时候，可选用 30%玉黄金水剂（主要成分是胺鲜酯和乙烯利）10 毫升/亩、兑水 15 千克，均匀喷洒在叶片上；也可用缩节胺（助壮素）20~30 毫升/亩、兑水 40 千克，在玉米大喇叭口期喷施。喷药时要均匀喷洒在上部叶片上，不要重喷、漏喷，喷药后 6 小时内如遇大雨，可在雨后酌情减量再喷施 1 次。

(四) 玉米化控注意事项

玉米化控的原则是喷高不喷低，喷旺不喷弱，喷绿不喷黄。施用玉米化控调节剂时，一定要严格按照说明配制药液，不得擅自提高药液浓度，并且要掌握好喷药时期。喷得过早，会抑制玉米植株正常的生长发育，造成玉米茎秆过低，影响雌穗发育；喷得过晚，既达不到应有的效果，还会影响玉米雄穗的分化，导致花粉量少，进而影响授粉和产量。

第五章　大豆玉米带状间作复合种植收获技术

第一节　适宜收获期的确定

一、大豆适宜收获期的确定

（一）大豆成熟期的划分

大豆的成熟期一般可划分为生理成熟期、黄熟期、完熟期 3 个阶段。

1. 生理成熟期

大豆进入鼓粒期以后，大量的营养物质向种子中运输，种子中干物质逐渐增多，当种子的营养物质积累达到最大值时，种子含水量开始减少，植株叶色变黄，此时即进入生理成熟期。

2. 黄熟期

当种子水分减少到 18%～20%时，种子因脱水而归圆，从植株外部形态看，此时叶片大部分变黄，有时开始脱落，茎的下部已变为黄褐色，籽粒与荚皮开始脱离，即为大豆的黄熟期。

3. 完熟期

植株叶片大部分脱落，种子水分进一步减少，茎秆变褐色，叶柄基本脱落，籽粒已归圆，呈现本品种固有的颜色，摇动植株时种子在荚内发出响声，即为完熟期。

以后茎秆逐渐变为暗灰褐色，表示大豆已经成熟。

（二）适期收获的标准

大豆对收获时间要求很严格，收获过早或过晚对产量、品质皆有不利影响。收获过早，籽粒尚未充分成熟，百粒重、蛋白质和油分的含量均低，在进行机械收获时还会因茎秆含水量高，造成泥花粒增多，影响外观品质；收获太晚，籽粒失水过多，会造成大量炸荚掉粒。

一般情况下，大豆黄熟期收获最为适宜，但由于此时籽粒含水量较高，要注意防止霉变。完熟期过后进行收获，虽然对脱粒和贮藏有好处，但由于成熟过度，往往炸荚严重，造成产量损失。

成熟时期遇干旱的地区和年份，可以适当早收，黄熟期即可收获；成熟期降水较多的地区和年份，要适当晚收，以降低收获、晾晒、脱粒的难度。人工收获应在黄熟末期进行，以大豆叶片脱落80%、豆粒开始归圆为标准开始收获；机械收获应在完熟初期进行，以叶片全部脱落、籽粒呈品种固有形状和色泽为标准开始收获。

（三）促进大豆早熟的方法

1. 排水促生长

在7—8月期间，很多地区处于雨季，有时降水量会特别大，雨水过多会对大豆造成不同程度的影响，尤其是低洼地势的地块，极易发生沤根现象，严重影响大豆品质和产量。所以对于易发生内涝的低洼地势，要及时进行排水降渍处理，可以采取机械排水和挖沟排水等措施，及时排除田间积水和耕层滞水。另外，在排水后及时扶正，培育植株，将表层的淤泥洗去，促使大豆尽快恢复正常生长。

2. 熏烟防霜

大豆生长后期，要随时密切关注天气的变化，当进入秋季以

后，气温下降，尤其是夜间温度较低，尤其在 2—3 时，在气温降至作物临界点 1~2℃时，可以采取人工熏烟的方法防早霜。在未成熟的大豆地块上的上风口，可以点燃秸秆、杂草，使其慢慢熏烧，这样地块就会形成一层烟雾，能提高地表温度 1~2℃，极好地改善田间小气候，降低霜冻带来的危害。熏烟要密切分布均匀，尽量保证整个田间有烟雾笼罩，另外，用红磷等药剂在田间燃烧，也有防霜的效果。

3. 喷肥促熟

在大豆花荚期喷施叶面肥能加快大豆生长发育，促使其早熟，一般喷施的叶面肥是尿素加磷酸二氢钾，每亩可以用尿素 350~700 克加磷酸二氢钾 150~300 克。按照土壤缺素情况可增施微肥，一般亩用钼酸铵 25 克、硼砂 100 克兑水喷施，可在花荚期 16 时后喷施 2~3 次。有条件的还可以喷施芸苔素和矮壮素等生长调节剂，不仅能为植株提供一份营养物质，还能有效地增加植株的抗逆性和抗寒能力。另外，及时拔除杂草，增加田间的通透性，也能促进大豆早熟。

二、玉米适宜收获期的确定

（一）玉米成熟期的划分

玉米的成熟期一般可划分为乳熟期、蜡熟期、完熟期 3 个阶段。

1. 乳熟期

自乳熟初期至蜡熟初期为止。一般中熟品种需要 20 天左右，即从授粉后 16 天开始到 35~36 天止；中晚熟品种需要 22 天左右，从授粉后 18~19 天开始到 40 天前后；晚熟品种需要 24 天左右，从授粉后 24 天开始到 45 天前后：此期各种营养物质迅速积累，籽粒干物质形成总量占最大干物重的 70%~80%，体积接近最大值，籽粒水分含量在70%~80%。由于长时间内籽粒呈乳白色糊状，故称为乳熟期。可用指甲划破，有乳白色浆体溢出。

2. 蜡熟期

自蜡熟初期到完熟期以前。一般中熟品种需要15天左右，即从授粉后36~37天开始到51~52天止；中晚熟品种需要16~17天，从授粉后40天开始到56~57天止；晚熟品种需要18~19天，从授粉后45天开始到63~64天止。此期干物质积累量少，干物质总量和体积已达到或接近最大值，籽粒水分含量下降到50%~60%。籽粒内容物由糊状转为蜡状，故称为蜡熟期。用指甲划时只能留下一道划痕。

3. 完熟期

蜡熟后干物质积累已停止，主要是脱水过程，籽粒水分降到30%~40%。胚的基部达到生理成熟，去掉尖冠，出现黑层，即为完熟期。完熟期是玉米的最佳收获期；若进行茎秆青贮时，可适当提早到蜡熟末期或完熟初期收获。完熟期后若不收获，由于玉米茎秆的支撑力降低，植株易倒折，倒伏后果穗接触地面引起霉变，而且也易遭受鸟虫危害，使产量和质量降低。

（二）适期收获的标准

正确掌握玉米的收获期，是确保玉米优质高产的一项重要措施。

玉米是否进入完熟期，可从外观特征上观察：植株的中下部叶片变黄，基部叶片干枯，果穗苞叶呈黄白色且松散，籽粒变硬，并呈现出本品种固有的色泽。

夏玉米苞叶发黄大多在授粉后40天左右，根据夏玉米籽粒灌浆速度的测定，此时仍处于夏玉米直线灌浆期，这时的粒重仅是最终粒重的90%，在苞叶发黄时收获势必降低夏玉米产量。苞叶发黄是一个量变过程，不能作为夏玉米成熟的定量标准。

夏玉米的收获适期以完熟初期到完熟中期为宜，这时果穗苞叶松散，籽粒内含物已经完全硬化，指甲不易掐破。籽粒表面具有鲜明的光泽，靠近胚的基部出现黑色层。籽粒上部淀粉充实部分呈固体状，与下部未充实的乳状间有一条明显的线，胚的背面看非常明显，称为“乳线”。随着灌浆的进行，乳线逐渐下移，在授粉 48 天左右乳线基本消失，达到成熟。

确定夏玉米成熟的标准有以下 5 个方面。

（1）在正常年景，玉米授粉后 50 天左右，灌浆期所需有效积温已经足够时。

（2）籽粒黑色层和乳线消失后。

（3）果穗苞叶变黄后 7~10 天。

（4）籽粒已硬化并呈现出该品种固有的光泽时。

（5）籽粒含水率在 30%左右。

（三）促进玉米早熟的方法

在夏玉米生育期内，常常出现阴雨、低温、寡照等不利自然气候条件，给玉米生产带来较大影响。主要表现在：一是生育期拖后；二是影响玉米授粉，秃尖、少粒现象时有发生，玉米的产量及质量下降；三是由于降雨增多，低洼地块遭内涝，使根系生长不良；四是玉米生长发育不良，穗位明显上移，抗倒伏能力减弱；五是草荒严重。因此，针对不利的气候条件，应立即采取有效的技术措施，促进玉米早熟，确保玉米有一个良好的收成。促进玉米早熟的方法如下。

1. 延长后期叶片寿命

保证后期茎叶的光合面积和光合强度，是提高光能利用率的一个重要环节。影响后期叶片寿命的关键是水肥和病虫草害。

（1）在玉米开花期，可喷洒 0. 3%磷酸二氢钾加 2%尿素及硼、锌微肥混合液（亩用 1. 5 千克尿素加 250 克磷酸二氢钾，兑水 50 千克)，促进玉米籽粒的形成，提高抗逆性，提早成熟。

(2) 及时防治病虫草害。做好黏虫、玉米蚜虫和玉米螟的生物防治，减轻病虫草对玉米的为害程度，提高光能利用率，以减少玉米损失。

2. 隔行去雄

玉米去雄是一项简单易行的增产措施。农民有“玉米去了头，力气大如牛”的说法。玉米去雄有如下好处。

(1) 可将雄穗开花所需的养分和水分，转而供应给雌穗生长发育需要。

(2) 减轻玉米上部重量，有利于防止倒伏。

(3) 雄花在植株顶部，去掉一部分雄花，防止遮光，有利于玉米光合作用，特别是密度过大时去雄更为重要。

去雄方法：一般清种玉米品种可去两行留一行，间作玉米可去一行留一行。

去雄的原则是：在保证充足授粉的前提下，去雄垄越多越好。去雄最适宜的时期是雄穗刚抽出、手能握住时，授粉结束后余下的雄穗全部去掉。

3. 除去无效株和果穗

应及时除去第二、第三果穗，依靠单穗增产，这样既可使有效养分集中供应主穗，又能促进早熟：玉米掰小棒的方法是：当小棒刚露出叶鞘时，用竹竿小刀划开叶鞘掰除，注意不要伤害茎叶。同时，将不能结穗的植株、病株拔除，既节水省肥，又有利于通风透光。

4. 人工辅助授粉

玉米雌穗花丝抽出一般比雄穗开花晚 3~5 天。在玉米开花授粉期间，如遇到低温阴雨等不利天气，受粉不良，易造成缺粒秃尖。因此，对受粉不好的地块或植株，要进行人工辅助授粉，

以提高玉米结实率，减少秃尖。人工辅助授粉要选择玉米盛花期进行。工作时，可用硫酸纸袋采集多株花粉混合后，分别给受粉不好的植株授粉。

5. 及时清除大草

在玉米灌浆后期及时拔除大草，会促进土壤通气增温，有利于微生物活动和养分分解，促进玉米根系呼吸和吸收养分，防止叶片早衰，使玉米提早成熟。但在田间作业时，要防止伤害叶片和根系。

6. 站秆扒皮晒

玉米蜡熟后，站秆扒开玉米果穗苞叶，可促进玉米籽粒脱水，促进早熟。

7. 适时晚收

玉米后熟性较强，收获后植株茎叶中营养物质还在向籽粒中运输、增加粒重，因此，玉米提倡适时晚收。一般应在 10 月 5 日以后收获，这是一项不增加成本的增产措施。

第二节　大豆玉米收获模式

大豆玉米收获是保证大豆玉米丰产丰收的重要环节。收获的质量关系大豆玉米产量损失和大豆玉米的外观品质与化学品质。在大豆玉米带状复合种植中，大豆玉米成熟顺序的不同，其所对应的机械收获模式也不一样，有玉米先收、大豆先收和大豆玉米同时收 3 种模式。

一、玉米先收模式

适用于玉米先于大豆成熟的区域，主要分布在西南套作区及华北间作区。该模式通过窄型两行玉米联合收获机或高地隙跨行玉米联合收获机先将玉米收获，然后等到大豆成熟后再采用生产常用的大豆机收获大豆。

采用玉米先收技术必须满足以下要求：①玉米先于大豆成熟。②除了严格按照大豆玉米带状复合种植技术要求种植外，应在地块的周边种植玉米。收获时，先收周边玉米，利于机具转行收获，缩短机具空载作业时间。③玉米收获机种类很多，尺寸大小不一。玉米带位于两带大豆带之间，因此，选用的玉米收获机的整机宽度不能大于大豆带间距离，2 行玉米时一般只能选用整机总宽度小于 1.6 米的玉米收割机，具体参数见表 5-1。

表 5-1　适宜机型的主要参数

名称	外形尺寸	功率
	长×宽×高（毫米）	（千瓦）
国丰山地丘陵玉米果穗收获机	6 350×1 500×3 220	45
金达威 4YZP-2C 自走式玉米收获机	4 750×1 590×2 545	36. 8
玉丰 4YZP-2x 履带自走式玉米收获机	4 300×1 550×1 990	33
华夏 4YZP-2A 自走式玉米收获机	4 700×1 500×2 600	102
金大丰 4YZP-2C 自走式玉米收割机	6 500×1 360×3 050	128
巨明 4YZP-268 自走式玉米收获机	6 750×1 600×3 050	48
仁达 4YZx-2C 自走式玉米收获机	5 700×1 600×2 800	73
沃德 4YZ-2B 玉米收获机	5 300×1 600×2 850	48

二、大豆先收模式

适用于大豆先于玉米成熟的区域，主要分布在黄淮海、西北等地的间作区。该模式通过窄型大豆联合收获机先将大豆收获，然后等玉米成熟后再采用生产常用的玉米机收获玉米。

采用先收大豆技术必须满足以下要求：①大豆先于玉米成

熟。②除了严格按照大豆玉米带状复合种植技术要求种植外，应在地块的周边种植大豆。收获时，先收周边大豆，利于机具转行收获，缩短机具空载作业时间。③大豆收获机种类很多，尺寸大小不一。大豆带位于两带玉米带之间，因此，选用的大豆收获机的整机宽度不能大于玉米带间距离，不同区域的玉米带间距离为1.6~2.6米，因此只能选用整机总宽度小于当地采用的玉米带间距离的大豆收获机。现有适合的3种机型参数见表5-2。

表5-2　适宜大豆收获机具参数

机型	外形尺寸 长×宽×高（毫米）	割台幅宽（毫米）
GY4D-2	4 350×1 570×2 550	1 450
4LZ-3.0Z	4 300×1 780×2 675	1 550
4LZ-0.8	2 700×1 420×1 350	1 200

三、大豆玉米同时收模式

适用于大豆玉米成熟期一致的区域，主要分布在西北、黄淮海等地的间作区。同时收模式有两种形式：一是采用当地生产上常用的玉米和大豆机型，一前一后同时收获玉米和大豆；二是在青贮玉米和青贮大豆采用青贮收获机收获的同时粉碎秸秆供青贮用。

要实现大豆和玉米同时收获，必须选择生育期相近、成熟期一致的大豆和玉米品种。收获青贮要选用耐阴不倒、底荚高度大于15厘米、植株较高的大豆品种，以免漏收近地大豆荚。若采用大豆玉米混合青贮，需选用割幅宽度在1.8米及其以上的既能收获高秆作物又能收获矮秆作物的青贮收获机。

生产中通常采用立式双转盘式割台的青贮收获机，喂入的同时可对籽粒和秸秆进行切碎和破碎。常用青贮饲料收获机的主要参数见表 5-3。

表 5-3　青贮饲料收获机参数

机型	外形尺寸 长×宽×高（毫米）	功率 （千瓦）	工作幅宽 （米）
4QZ-2100	5 300×2 100×3 300	132	2.1
美诺 9265	7 500×3 100×3 500	192	2.9
4QZ-18A	7 700×3 080×5 200	247	2.9
4QZ-3	6 500×2 130×3 330	78	2.0

第三节　大豆玉米收获机型及方式

一、玉米先收机具及方式

（一）玉米先收机具

1. 机具型号

先收玉米模式采用窄型两行玉米果穗收获机，机具总宽度≤1.6 米，整机结构紧凑，重心低。如图 5-1、图 5-2 所示为适用于大豆玉米带状复合种植模式玉米机收作业的代表机型。

2. 主要部件的功能与调整

玉米果穗的一般收获流程为：玉米植株首先在拨禾装置的作用下滑向摘穗口，茎秆喂入装置将玉米植株输送至摘穗装置进行摘穗，割台将果穗摘下并输送至升运器，果穗经升运器输送至剥皮装置，果穗剥皮后进入果穗箱，玉米秸秆粉碎后还田（或切碎回收）。玉米果穗收获机主要作业装置包括割台、输送装置、剥皮装置、果穗箱及秸秆粉碎装置等。

图 5-1　沃得裕龙 4YZ-4D 玉米收获机

图 5-2　沃得裕龙 4YZL-3A 履带式玉米收获机

（1）割台的结构与调整。玉米联合收获机的割台主要功能是摘穗和粉碎秸秆，并将果穗运往剥皮或脱粒装置。割台的结构由分禾装置、茎秆喂入装置、摘穗装置、果穗输送装置等组成。

割台的使用与调整：①根据玉米结穗的不同高度，将割台做相应的高度调整，以摘穗辊中段略低于结穗高度为最佳，通过操纵割台液压升降控制手柄即可改变割台的高低。②摘穗板间隙通常要比玉米秸秆直径大 3～5 毫米。通常通过移动左、右摘穗板来实现摘穗板间隙的调整。首先将其固定螺栓松开，然后左、右对称移动摘穗板到所需间隙，最后紧固螺栓即可。③割台的喂入链松紧度通过调整链轮张紧架来实现。

（2）果穗升运器的功能与调整。果穗升运器主要采用刮板式结构，它的作用是将割台摘下的带苞叶的玉米果穗输送到剥皮装置或者脱粒装置。升运器的链条在使用当中应及时定期检查、润滑和调整，链条松紧要适当，过紧或过松都会影响升运器的工作效率。升运器链条松紧是通过调整升运器主动轴两端的调整螺栓实现的，首先拧松锁紧螺母，然后转动调节螺母，左右两链条的张紧度应一致，正常的张紧度为用手在中部提起链条时离底板高度约 60 毫米。

（3）果穗剥皮装置的功能与调整。玉米联合收获机的剥皮装置主要功能是将玉米果穗的苞叶剥下，并将苞叶、茎叶混合物等杂物排出。一般由剥皮机架、剥皮辊、压送器、筛子等组成。其中，剥皮辊组是玉米剥皮装置中最主要的工作部件，对提高玉米果穗剥皮质量和生产效率具有决定性的作用。

剥皮机构的调整：①星轮和剥皮辊间隙调整。星轮压送器与剥皮辊的上下间隙可根据果穗的直径大小进行调整，调整完毕后，需重新张紧星轮的传动链条。②剥皮辊间距的调整。剥皮辊间距关系着剥皮效率和对玉米籽粒的损伤程度。所以根据不同玉米果穗的直径可适当调整剥皮辊间隙，调整时通过调整剥皮辊、

外侧一组调整螺栓，改变弹簧压缩量，实现剥皮辊之间距离的调整。③动力输入链轮、链条的调整。调节张紧轮的位置，改变链条传动的张紧程度。

（二）先收玉米的方式

先收玉米作业时，首先收获田间地头两端的玉米，再收大豆带间玉米。收获大豆带间玉米时需注意玉米收获机与两侧大豆的距离，防止收获机压到两边的大豆。若大豆有倒伏，可安装拨禾装置拨开倒伏大豆。完成玉米收割后，等大豆成熟后，选用生产中常用的大豆收获机收割剩下的大豆，操作技术与单作大豆相同。

收获玉米过程中机手应注意的事项：①机器启动前，应将变速杆及动力输出挂挡手柄置于空挡位置；收获机的起步、结合动力挡、运转、倒车时要鸣喇叭，观察收获机前后是否有人。②收获机工作过程中，随时观察果穗升运过程中的流畅性，防止发生堵塞、卡住等故障；注意果穗箱的装载情况，避免果穗箱装满后溢出或者造成果穗输送装置的堵塞和故障。③调整割台与行距一致，在行进中注意保持直线匀速作业，避免碾压大豆。④玉米收获机的工作质量应达到籽粒损失率≤2%、果穗损失率≤5%、籽粒破损率≤1%以及苞叶剥净率≥85%。

二、大豆先收机具及方式

（一）大豆先收机具

1. 机具型号

大豆先收技术要求大豆收获机整机宽度≤1.6~2.6 米，割茬高度低于 5 厘米，作业速度应在 3~6 千米/小时范围内，图 5-3、图 5-4 所示为适用于大豆玉米带状复合种植模式大豆机收作业的代表机型。

图 5-3　沃得 4LZD-2. 6AQ 大豆收获机

图 5-4　沃得 4LZ-4. 0HA 大豆收获机

2. 主要部件及功能

大豆通用联合收获机主要由割台、中间输送装置、脱粒装置、清选装置、行走装置等组成。主要功能是将田间大豆整株收割，然后脱粒清选，最后将秸秆粉碎后回收作饲料或直接还田。

（1）割台的功能与调整。大豆联合收获机中割台总成由拨禾轮、切割器、搅龙等工作部件及其传动机构组成，主要用于完成大豆的切割、脱粒和输送，是大豆联合收获机的关键部分。

①割台：根据大豆收获机械的不同特点，割台有卧式和立式两种，主要由拨禾轮、分禾器、切割器、割台体、搅龙和拨指机构等组成。

②拨禾轮：拨禾轮的作用是将待割的大豆茎秆拨向切割装置中，防止被切割的大豆茎秆堆积于切割装置中，造成堵塞。通常采用偏心拨禾轮，主要由带弹齿的拨禾杆、拉筋、偏心辐盘等组成。

拨禾轮的安装位置是影响大豆作业的重要因素之一。当安装高度过高时，弹齿不与作物接触，造成掉粒损失；安装高度过低，会将已割作物抛向前方，造成损失。一般情况下为使弹齿把割下作物很好地拨到割台上，弹齿应作用在豆秆重心稍上方（从顶荚算起，重心约在割下作物的1/3处），若拨禾轮位置不正确，可通过移动拨禾轮在割台支撑杆上的位置实现调节。收割倒伏严重的大豆时，弹齿可后倾15°~30°以增强扶倒能力。

③切割装置：切割装置也称切割器，是大豆联合收获机的主要工作部件之一，其功用是将大豆秸秆分成小束，并对其进行切割。切割器有回转式和往复式两大类，大豆联合收获机常用的是往复式切割器。

切割器的调整对收割大豆质量有很大影响。为了保证切割器的切割性能，当割刀处于往复运动的两个极限位置时，动刀片与护刃器尖中心线应重合，误差不超过5毫米；动刀片与压刃器之间间隙不超过0.5毫米，可用手锤敲打压刃器或在压刃器和护刃器梁之间加减垫片来调整；动刀片底面与护刃器底面之间的切割间隙不超过0.8毫米，调好后用手拉动割刀时，割刀移动灵活，无卡滞现象。

④搅龙的调整：割台搅龙是一个螺旋推运器，它的作用是将割下来的作物输送到中间输送装置入口处。为保证大豆植株能顺利喂入输送装置，割台搅龙与割台底板距离应保持为10~15毫米，割台搅龙间隙可通过割台侧面的双螺母调节杆进行调节；同时要求拨禾杆与底板间隙调整至6~10毫米，若拨禾杆与底板间隙过小，则大豆植株容易堵塞，间隙过大则喂不进去，拨禾杆与底板间隙可通过割台右侧的拨片进行调整。

（2）中间输送装置的功能与调整。大豆联合收获机的中间输送装置可将割台总成中的大豆均匀连续地送入脱粒装置。

收获大豆用中间输送装置一般选用链耙式，链耙由固定在套筒滚子链上的多个耙杆组成，耙杆为“L”形或“U”形，其工作边缘做成波状齿形，以增加抓取大豆的能力；链耙由主动轴上的链轮带动，被动辊是一个自由旋转的圆筒，靠链条与圆筒表面的摩擦转动，上面焊有筒套来限制链条，防止链条跑偏。

在调整输送间隙时，可打开喂入室上盖和中间板的孔盖，通过垂直吊杆螺栓调节，被动轮下面的输送板与倾斜喂入室床板之间的间隙应保持为15~20毫米。在调节输送带紧度时，输送带的紧度应保持恰当，使被动轮在工作中有一定的缓冲和浮动量，其紧度可通过调节输送装置张紧弹簧的张紧度来调整。

（3）脱粒装置的功能与调整。脱粒装置是大豆联合收获机的核心部分，一般由滚筒和凹板组成，其功能主要是把大豆从秸秆上脱下来，尽可能多地将大豆籽粒从脱出物中分离出来。

①脱粒滚筒：按脱粒元件的结构形式的不同，滚筒在大豆联合收获机中主要有钉齿式、纹杆式与组合式3种。一般套作大豆收获选用钉齿式脱粒滚筒，钉齿式脱粒元件对大豆抓取能力强，机械冲击力大，生产效率高。

②凹板：大豆联合收获机中常用的大豆脱粒用凹板有编织筛式、冲孔式与栅格筛式3种。凹板分离率主要取决于凹板弧长及凹板的有效分离面积，当脱粒速度增加时，凹板分离率也相应提高。

③脱粒速度（滚筒转速）：钉齿滚筒的脱粒速度就是滚筒钉齿齿端的圆周速度，脱粒滚筒转速一般不低于650转/分钟时，才允许均匀连续喂入大豆茎秆。喂入时要严防大豆茎秆中混进石头、工具、螺栓等坚硬物，以免损坏脱粒结构和造成人身事故。

④脱粒间隙：安装滚筒时，需要注意滚筒钉齿顶部与凹板之间的间隙（脱粒间隙），大豆收获机中通常都是采用上下移动凹板的方法改变滚筒脱粒间隙。通常钉齿式大豆脱粒装置的脱粒间隙为3~5毫米。

（4）清选装置的功能与调整。清选装置的作用是将脱粒后的大豆与茎秆等混合物进行清选分离。主要采用振动筛—气流组合式清选装置，该装置主要由抖动板、风机、振动上筛、振动下筛等组成，工作原理是根据脱粒后混合物中各成分的空气动力学特性和物料特性差异，借助气流产生的力与清选筛往复运动的相互作用来完成大豆籽粒和茎秆等杂物的分离清选。

（5）行走装置的功能与调整。行走装置一方面是直接与地面接触并保证收获机的行驶功能，另一方面还要支撑主体重量。由于作业空间不大、田间路面复杂，要求收获机有较高的承载性能、牵引性能，常采用履带式底盘。

使用履带式收获机之前，应该检查两侧履带张紧是否一致，若太松或太紧可通过张紧支架调整，最后还需检查导向轮轴承是否损坏，若损坏需要及时更换。

（二）大豆先收的方式

收获玉米带间大豆时，应保持收获机与两侧玉米有一定的距离，防止收获机压两边的玉米。收获大豆作业时，收获机的割台离地间隙较低，大豆植株都可喂入割台内。完成大豆收割后，用当地常用的玉米收获机收获剩下的玉米。具体注意事项如下。

第一，作业前应平稳结合作业装置离合器，油门由小到大，到稳定额定转速时，方可开始收获作业，在机具进行收获作业过程中需要注意发动机的运转情况是否正常等。

第二，大豆收获机在进入地头和过沟坎时，要抬高割台并采用低速前行方式进入地头。当机具通过高田埂时，应降低割台高度并采用低速的方式通过。

第三，为方便机具田间调头等，需要先将地头两侧处的大豆收净，避免碾压大豆；收获作业时控制好割台高度，将割茬降至4~6厘米即可；在收获作业过程中保证机具直线行驶。

第四，大豆植株若出现横向倒伏时，可适当降低拨禾轮高度，但决不允许通过机具左右偏移的方式来收获作业；若出现纵向倒伏时，可将拨禾轮的板齿调整至向后倾斜12°~25°的位置，使得拨禾轮升高向前。

第五，正常作业时，发动机转速应在2 200转/分钟以上，不能让发动机在低转速下作业。收获作业速度通常选用Ⅱ挡作业；若大豆植株稀疏时，可采用Ⅲ挡作业；若大豆植株较密、植物茎秆较粗时，可采用Ⅰ挡作业。尽量选择上午进行收获作业，以避免大豆炸荚损失。

第六，收获一定距离后，为保证豆粒清洁度，机手可停车观察收获的大豆清洁度或尾筛排出的秸秆杂物中是否夹带豆粒来判

断风机风量是否合适。收获潮湿大豆时，风量应适当调大；收获干燥的大豆时，风量应调小。

三、大豆玉米同收机具及方式

（一）大豆玉米同收机具

1. 机具型号

生产中通常采用立式双转盘式割台的青贮收获机，喂入的同时又对籽粒和秸秆进行切碎及破碎。图 5-5、图 5-6 所示为常用的青贮饲料收获机。

图 5-5　顶呱呱 4QZ-2100 青贮饲料收获机

2. 主要部件和功能

割台自走式青贮饲料收获机工作的关键部件，其主要由推禾器、割台滚筒、锯齿圆盘割刀、分禾器、护刀齿、滚筒轴、清草刀等组成。

自走式青贮饲料收获机割台工作时，作物由分禾器引导，由

图 5-6　美诺 9265 自走式青贮饲料收获机

锯齿双圆盘切割器底部的锯齿圆盘割刀将青贮作物沿割茬高度切断，刈割后的作物在割台滚筒转动的作用下向后推送，经喂入辊将作物送入破碎和切碎装置，玉米果穗和秸秆首先通过滚筒挤压破碎后送入切碎装置中经过动、定刀片的相对转动将作物切碎，并由抛送装置抛送至料仓。

锯齿圆盘割刀的主要功能是将生长在田里的秸秆类作物割倒，并尽量保证实现较低割茬高度。一般情况下，切割器需保证切割速度获得可靠的切削，不产生漏割或尽量减少重割，锯齿圆盘割刀选择为旋转式切割方式作业，其由圆盘刀片座、圆盘刀片组成。

3. 主要工作装置的使用与调整

圆盘割刀和喂入辊作为青贮收获机的主要工作部件，其工作性能的好坏将直接影响青贮收获机的作业性能和作业质量。因此在使用中应经常查看割刀的磨损及损坏情况，保持切刀的锋利和完好。

当喂入刀盘被作物阻塞时，应检查内部喂入盘的刮板，可将塑料刮板改为铁质刮板，同时检查喂入盘内部与刮板的距离，此距离应为 2 毫米。当喂入辊前方被作物阻塞时，应检查喂入辊弹簧的情况，可通过调节螺母来改变拉压弹簧的拉压情况，也可通过加装铁质零部件来提高作物喂入角，改善喂入效果。

（二）青贮收获机的操作

收获前，首先对青贮联合收获机进行必要的检查与调整；其次要准备好运输车辆，只有青贮收获机和运输车辆在田间配合作业才能提高青贮收获机的作业效率。

收获过程中，驾驶员要观察作业周围的环境，及时清除障碍物，如果遇到无法清除的障碍物，如电线杆等，要缓慢绕行。在机械作业过程中如果发现金属探测装置发出警报时，要立即停车，清除障碍物后方可启动继续作业。

收获时，收获机通常是一边收割一边通过物料输送管将切碎的青贮物料吹送到运料车上，从而完成整个收获工作。因此，收获过程中，青贮收获机需要与运料车并行，并随时观察车距，控制好物料输送管的方向。

待运料车装满后需要将收获机暂停作业，再换运料车。工作过程中，一是地内不能有闲杂人员进入，二是发现异常要立即停机检查，三是运料车上不允许站人。

第四节　机械化收获减损技术

一、机具调整改造

（一）调整改造实现大豆收获

目前，市场上专用大豆收获机较少，可选用与工作幅宽和外廓尺寸相匹配的履带式谷物联合收割机进行调整改造。调整改造方式参照2022年农业农村部农业机械化管理司印发的《大豆玉米带状复合种植配套机具调整改造指引》。

（二）调整改造实现玉米收获

目前，常用的玉米收获机行距一般为60厘米左右，适用于大豆玉米带状复合种植40厘米小行距的玉米收获机机型较少。玉米收获作业时，行距偏差较大会增大落穗损失率或降低作业效率，可将割台换装或改装为适宜行距割台，也可换装不对行割台。对于植株分杈较多的大豆品种，收获玉米时，应在玉米收获机割台两侧加装分离装置，分离玉米植株与两侧大豆植株，避免碾压大豆植株。

（三）加装辅助驾驶系统

如果播种时采用了北斗导航或辅助驾驶系统，收获时，先收作物对应收获机也应加装北斗导航或辅助驾驶系统，提高驾驶直线度，使机具沿行间精准完成作业，减少对两侧作物碾压和夹带，同时减少人工操作误差并降低劳动强度。如果播种时未采用北斗导航或辅助驾驶系统，收获时根据作物播种作业质量确定是否加装北斗导航或辅助驾驶系统，如播种作业质量好可加装，否则没有加装必要。

二、减损收获作业

（一）科学规划作业路线

对于大豆、玉米分期收获地块，如果地头种植了先熟作物，应先收地头先熟作物，方便机具转弯掉头，实现往复转行收获，减少空载行驶；如果地头未种植先熟作物，作业时转弯掉头应尽量借用田间道路或已收获完的周边地块。

对于大豆、玉米同期收获地块，应先收地头作物，方便机具

转弯调头，实现往复转行收获，减少空载行驶；然后再分别选用大豆收获机和玉米收获机依次作业。

（二）提前开展调整试收

作业前，应依据产品使用说明书对机具进行一次全面检查与保养，确保机具技术状态良好；应根据作物种植密度、模式及田块地表状态等作业条件对收获机作业参数进行调整，并进行试收，试收作业距离以 30~50 米为宜。试收后，应检查先收作业是否存在碾压、夹带两侧作物现象，有无漏割、堵塞、跑漏等异常情况，对照作业质量标准检测损失率、破碎率、含杂率等。如作业效果欠佳，应再次对收获机进行适当调整和试收检验，直至作业质量优于标准，并达到满意的作业效果。

（三）合理确定作业速度

作业速度应根据种植模式、收获机匹配程度确定，禁止为追求作业效率而降低作业质量。如选用常规大型收获机减幅作业，应注意通过作业速度实时控制喂入量，使机器在额定负荷下工作，避免作业喂入量过小降低机具性能。大豆收获时，如大豆带田间杂草太多，应降低作业速度，减少喂入量，防止出现堵塞或含杂率过高等情况。

对于大豆先收方式，大豆收获作业速度应低于传统净作，一般控制在 3~6 千米/时，可选用Ⅱ挡，发动机转速保持在额定转速，不能低转速下作业。若播种和收获环节均采用北斗导航或辅助驾驶系统，收获作业速度可提高至 4~8 千米/时。玉米收获时，两侧大豆已收获完，可按正常作业速度行驶。

对于玉米先收方式，受两侧大豆植株及玉米种植密度高的影响，玉米收获作业速度应低于传统净作，一般控制在 3~5 千米/时。如采用行距大于 55 厘米的玉米收获机，或种植行距宽窄不一、地形起伏不定、早晚及雨后作物湿度大时，应降低作业速度，避免损失率增大。大豆收获时，两侧玉米已收获完，可按正常作业速度行驶。

（四）强化驾驶操作规范

大豆收获时，应以不漏收豆荚为原则，控制好大豆收获机割台高度，尽量放低割台，将割茬降至4~8厘米，避免漏收低节位豆荚。作业时，应将大豆带保持在幅宽中间位置，并直线行驶，避免漏收大豆或碾压、夹带玉米植株。应及时停车观察粮仓中大豆清洁度和尾筛排出秸秆夹带损失率，并适时调整风机风量。

玉米收获时，应严格对行收获，保证割道与玉米带平行，且收获机轮胎（履带）要在大豆带和玉米带间空隙的中间，避免碾压两侧大豆。作业时，应将割台降落到合适位置，使摘穗板或摘穗辊前部位于玉米结穗位下部30~50厘米处，并注意观察摘穗机构、剥皮机构等是否有堵塞情况。玉米先收时，应确保玉米秸秆不抛洒在大豆带，提高大豆收获机通过性和作业清洁度。

（五）妥善解决倒伏问题

复合种植倒伏地块收获时，应根据作物成熟期及倒伏方向，规划好收获顺序和作业路线；收获机调整改造和作业注意事项可参照传统净作方式，此外，为避免收获时倒伏带来的混杂，可加装分禾装置。

先收大豆时，可提前将倒伏在大豆带的玉米植株扶正或者移出大豆带，方便大豆收获作业，避免碾压玉米果穗造成损失，或混收玉米增大含杂率。

先收玉米时，如大豆和玉米倒伏方向一致，应选用调整改造后的玉米收获机对行逆收作业或对行侧收作业；如果大豆和玉米倒伏方向没有规律，可提前将倒伏在玉米带的大豆植株扶正或者移出玉米带，方便玉米收获作业，避免玉米收获机碾压倒伏

大豆。

分步同时收获时，如大豆和玉米倒伏方向一致，一般先收倒伏玉米，玉米收获后，倒伏在大豆带内的玉米植株减少，将剩余倒伏在大豆带的玉米植株扶正或者移出大豆带后，再开展大豆收获作业；如果大豆和玉米倒伏方向没有规律，可提前将倒伏在玉米带的大豆植株扶正或者移出玉米带，先收大豆再收玉米。

第六章 大豆玉米带状间作复合种植病虫草害防治技术

第一节 病虫草害绿色防治技术

绿色防控是指以确保农业生产、农产品质量和农业生态环境安全为目标，以减少化学农药使用为目的，优先采取生态控制、生物防治、物理防治和科学用药等环境友好型技术措施，控制农作物病虫草害的行为。

一、农业防治

农业防治又称环境管理，是为了防治农作物病虫草害所采取的农业技术综合措施、调整和改善作物的生长环境，以增强作物对病虫草害的抵抗力，创造不利于病原物、害虫和杂草生长发育或传播的条件，以控制、避免或减轻病虫草的为害。其防治措施大都是农田管理的基本措施，可与常规栽培管理结合进行。

（一）合理轮作换茬

间作大豆一定要实行轮作换茬，避免连作。首先，建立合理种植制度，合理茬口布局。其次，采用豆科与禾本科作物 3 年以上的轮作，做到不重茬、不迎茬，深翻土地。最后，间作大豆茬口不宜选豆科作物作前茬，最好是选择 3 年内没有种植豆类的地块，可减轻病虫为害，如土传病害（根腐病）和以病残体越冬

为主的病害（灰斑病、褐纹病、轮纹病、细菌性斑点病等），还有土壤中越冬的害虫（如豆潜根蝇、二条叶甲、蓟马等）。

合理轮作倒茬对玉米、大豆生长有利，能增强抗虫能力，同时对于食性单一和活动能力不强的害虫，具有抑制其发生的作用，甚至达到直接消灭的目的。多食性害虫，也由于轮作地区的小气候，耕作方式的改变和前、后作种类的差异而受到一定的抑制，从而减轻其发生程度。合理的轮作也可在一定程度上减少杂草对大豆的为害。大豆玉米间作种植时，要注意红蜘蛛的为害。

（二）选用抗病虫品种

生产上要选用抗病虫玉米、大豆品种和优良健康无病的种子，能减轻或避免农药对作物产品和环境的污染，有利于保持生态平衡。

1. 抗病性

在作物的抗病性中，根据病原物与寄主植物的相互关系和反抗程度的差异通常分为避病性、抗病性和耐病性。

（1）避病性。一些寄主植物可能是生育期与病原物的侵染期不相遇，或者是缺乏足够数量的病原物接种体，在田间生长时不受侵染，从而避开了病害。这些寄主植物在人为接种时可能是感病的。有人称避病性是植物的抗接触特性。

（2）抗病性。寄主植物对病原生物具有组织结构或生化抗性的性能，以阻止病原生物的侵染。不同的品种可能有不同的抗病机制，抗性水平也可能不同。按照一个品种能抵抗病原物的个别菌株（或小种）或多个菌株（小种）甚至所有小种的差异，有人就采用（小种）专化抗性和非（小种）专化抗性的名称（在植物病理学上，则称为垂直抗性与水平抗性）。

（3）耐病性。耐病性体现在植物对病害的高忍耐程度。一些寄主植物在受到病原物侵染以后，有的并不显示明显的病变，有的虽然表现出明显的病害症状，但仍然可以获得较高的产量，也称抗损害性或耐害性。

2. 抗虫性

作物的不同品种对于害虫的受害程度也不同，表现出不同品种作物的抗虫性。利用抗虫品种防治害虫，是最经济且具实效的方法。作物不同品种的抗虫性表现如下。

（1）不选择性。对害虫的取食、产卵和隐蔽等，没有吸引的能力。

（2）抗生性。昆虫取食后，其繁殖力受到抑制，体形变小，体重减轻，寿命缩短，发育不良和死亡率增加等。

（3）耐害性。害虫取食后能正常地生存和繁殖，植物本身具有很强的增殖和补偿能力，最终受害很轻。

3. 精选良种

大豆玉米间作高效种植时，一定要结合黄淮海地区的自然条件及病虫害种类，选用抗病虫、抗逆性强、适应性广、商品性好、产量高的品种，可提高植株的抗性，减轻病虫为害。选择无病地块或无病株及虫粒率低的留种，并加强检验检疫。要求种子纯度98%以上、发芽率97%以上、含水量14%以下的二级以上良种。

在种子播种前，及时清除混杂的杂草种子和带病虫种子，选用饱满、均匀、无病虫的优良种子下种，既可保证全苗、壮苗，提前发芽，生长整齐，发育迅速，还可减轻后期病虫的为害和减少病虫中间寄主杂草。

（三）合理施肥

合理施肥是大豆、玉米获得高产的有力措施，同时对病虫害综合防治有一定的作用。合理施肥是一项简便经济的防治措施，能改善大豆、玉米的营养条件，提高抗病虫能力；增加作物总体

积，减轻损失的程度，促进作物正常生长发育，加速外伤的愈合；改良土壤性状，恶化土壤中有害生物的生活条件；直接杀死害虫等。

生产中一些病虫害发生的轻重与作物营养状况有很大的关系。例如，长势茂盛、叶色偏绿的作物，叶片上的蚜虫更多；黏虫、棉铃虫喜欢在长势旺盛的植株上产卵；病害容易发生在生长速度快、氮素营养丰富的植物叶片上。为了追求产量，往往简单的施用大量化肥，尤其是见效明显的氮肥，而过多施用氮素肥料，不但会造成经济上的浪费和土壤污染，同时会加剧部分病虫的为害，致使土壤盐渍化和生理性病害越来越严重，土壤性状不断恶化，有益微生物越来越少，适应能力更强的镰刀菌、轮枝菌等日益增多。合理施肥使作物生长健壮，能显著抵制病毒的干扰，在喷施抗病毒钝化剂时混配上营养性叶面肥或调节剂能大大提高药效，如在盐酸吗啉胍中加入玉米素类调节剂烯腺嘌呤和羟烯腺嘌呤，防治大豆花叶类病毒病时在钝化剂中混配上含有锌的叶面肥等。

（四）深耕翻土

深耕翻土和改良土壤，不但有利于作物生长、提高产量，同时还能消灭有害生物基数，并减少杂草对农作物的为害。作物种植过程中，很多的病虫经过土壤传播，在浅层土壤里进行繁殖和生存，前茬作物收获后，及时对土壤进行深耕，促使害虫死亡，可以减少病虫害。如蝼蛄在土壤中取食、生长和繁殖，蛴螬、地老虎、金针虫的幼虫也都在土壤中生活为害。许多害虫都在土壤中越冬，对于这些害虫，改变土壤环境条件，都会影响其生长、发育与生存。另外，秸秆还田的作物残体会造成土壤疏松，病虫害增加，经过深耕之后有利于加速秸秆腐烂，还可以减少病虫的侵害，秸秆中的营养物质也会被土壤吸收。土壤深耕一般 2～3

年 1 次，也可以根据土壤情况和生产实际进行。

（五）加强田间管理

田间管理是各项增产措施的综合运用，在病虫草害防治上，是十分重要的。

1. 适期播种

适当调节作物的播期，适期适墒播种，使作物容易受害的生育期与病虫害严重为害的盛发期错开，减轻或避免受害，特别是春季播种时，一定要适当晚播。大豆玉米间作播种时，要注意播深，一般 3~5 厘米，太深容易造成苗弱，同时增加根腐病的发病率。

2. 配方施肥

要根据土壤肥力情况测土配方施肥，并且增施有机肥和磷钾肥，提高抗病虫能力。增施钾肥可以使作物的抗旱、抗冻、抗倒、抗病虫能力大大提高，果实品质高。施有机肥时一定要经过腐熟，滥用未腐熟粪肥，造成各种生理性和侵染性病害以及根蛆、蛴螬等为害加重。

3. 合理密植

合理密植即适当增加单位面积株数，充分利用空间，扩大绿色面积，能更好地利用光能、肥力和水分等，是达到高产稳产的一项重要农业增产措施。大豆、玉米间作，可以充分利用空间、光能和地力，又可改善玉米通风透光的条件，提高作物总产量，增加土地的利用率，实现高产高效的目的。保证合理的密度，使植株间通风透光，减少病虫害滋生。

合理密植下，单株营养面积适当，通风透光正常，植株生长发育良好、健壮，一般来说，可以大大提高作物的耐害性，能促进增产。但过度密植，提早封行，不通风透气，不利于开花结荚，病虫害也会严重发生，给药剂防治也带来困难，如果倒伏，

困难更大。

4. 防旱排涝

大豆玉米间作种植，干旱时要适时灌溉，田间有积水时要及时排涝。灌溉与排涝可以迅速改变田间环境条件，恶化病虫害的生活环境，对于若干病虫害常可获得显著防治的作用。

5. 中耕培土

在作物生长期间进行适时中耕，对于某些病虫害也可以起辅助的防治作用。例如掌握害虫产卵或化蛹盛期进行，可以消灭害虫产于土壤中的卵堆，或消灭地老虎和其他害虫的蛹。中耕可以改善土壤通透性，同时减少成虫出土量或机械杀死幼虫、蛹、成虫。同时可以防除田间杂草，结合中耕，可以追施肥料。

6. 及时除草

杂草也是病虫为害大豆、玉米的过渡桥梁，许多病虫在它生活中的某一时期，特别是作物在播种前和收获后是在杂草上生活的，以后才迁移到作物上为害，杂草便成为害虫良好的食料供应站。因此，播后苗前或苗期及时清除田间杂草及田埂和四周的杂草，可以避免杂草与作物争夺养分，改善通风透光性，减少害虫为害。

7. 清洁田园

保持田园卫生，破坏或恶化害虫化蛹场所，加速病原菌消亡，降低病虫源基数和越冬幼虫数。作物的残余物中，往往潜藏着很多菌源、虫源，在冬季常为某些有害生物的越冬场所，因此，经常保持田园清洁，特别是作物收获以后及时地收拾田间的残枝落叶是十分必要的。

因此，农业防治措施与作物增产技术措施是一致的，它主要是通过改变生态条件达到控制病虫害的目的，花钱少、收效大、作用时间长、不伤害天敌，又能使农作物达到高产优质的目的。

因此，农业防治是贯彻“预防为主”的经济、安全、有效的根本措施，它在整个病虫害防治中占有十分重要的地位，是病虫害综合防治的基础。

二、物理防治

物理防治是指通过物理方法进行病虫害的防治。主要是利用简单工具和各种物理因素，如光、热、电、温度、湿度和放射能、声波等防治病虫害，包括最原始、最简单的徒手捕杀或清除，以及近代物理最新成就的运用。物理防治的效果较好，推广使用物理措施时，要综合考虑各种因素，不同病虫害，要采取不同的技术。

（一）徒手法

人工捕杀和清除病株、病部及使用简单工具诱杀、设障碍防除，虽有费劳力、效率低、不易彻底等缺点，但尚无更好防治办法的情况下，仍不失为较好的急救措施。常用方法如下。

（1）作物田间发现病株时，特别是根腐病、枯萎病、病毒病等防治较为困难的病害，田间发现病株及时拔除，并清出田园掩埋或者焚烧。

（2）当害虫个体易于发现、群体较小、劳动力允许时，进行人工捕杀效果较好，既可消灭虫害，又可减少用药。例如，人工采卵，即害虫在大豆叶子上产下卵后，收集卵粒并集中处理；蛾类大量群集时进行人工捕杀或驱赶；对有假死习性的害虫震落捕杀等。

（3）出现中心有蚜虫植株时，及时处理该植株及其周围，将虫害封锁、控制在萌芽状态，避免大范围扩散。

（4）当害虫群体数量较大，可采用吸虫机捕杀，在大豆植株冠顶用风力将昆虫吸入机内并粉碎，对于鳞翅目、鞘翅目等小

型昆虫效果较好。

（二）诱杀法

诱集诱杀是利用害虫的某些趋性或其他生活习性（如越冬、产卵、潜藏），采取适当的方法诱集并集中处理，或结合杀虫剂诱杀害虫。常见的诱杀方法如下。

1. 灯光诱杀

对有趋光性的害虫可利用特殊诱虫灯管光源，如双波灯、频振灯、LED 灯等，吸引毒蛾、夜蛾等多种昆虫，辅以特效黏虫纸、电击或水盆致其死亡。近年来，黑光灯和高压电网灭虫器应用广泛，用仿声学原理和超声波防治虫等均有实践。

（1）太阳能频振式杀虫灯、黑光灯诱杀。于成虫盛发期每 50 亩设 1 盏，主要针对夜间活动的有翅成虫，尤其对金龟子、夜蛾等有效，诱杀面积范围达 4 公顷。

（2）智能灭虫器。核心部位是防水诱虫灯，主要是利用害虫的趋光性和对光强度变化的敏感性。晚间诱虫灯能在短时间内将 20~30 亩大田的雌性和雄性成虫诱惑群聚，使其在飞向光源特定的纳米光波共振圈后会立刻产生眩晕，随后晕厥落入集虫槽内淹死。

2. 食饵诱杀

常用糖醋液诱集，白糖、醋、酒精和水按照一定比例（3∶4∶1∶2）配制糖醋液，加少量农药，将配制好的糖醋液盛入瓶或盆中，占容器体积的一半，在大豆田中每间隔一段距离放置一个，可有效诱杀地老虎、豆卜馍夜蛾等害虫。

3. 潜所诱杀

利用某些害虫对栖息潜藏和越冬场所的要求特点，人为造成害虫喜好的适宜场所，引诱害虫加以消灭。例如在大豆播种前，在大豆田周围保留一些害虫栖息的杂草，待害虫产卵或化蛹后，将大豆田周围的杂草割掉，将其虫卵或者蛹处理，破坏其正常繁殖。或在田间栽插杨柳枝，诱集成虫后人工灭杀。

4. 作物诱集

在田间种植害虫喜食的植物诱集害虫。例如，大豆、玉米田边人工种植紫花苜蓿带，可以为作物田提供一定数量的天敌。在大片大豆田中提早种植几小块大豆，加强水肥管理，诱集豆荚螟在其集中产卵，然后对其采取适当有效的防治措施，可减轻大面积受害程度。

5. 色板诱杀

色板诱杀不仅能有效降低当代虫口数量及其对作物的为害程度，还能控制下一代的害虫种群，还可监测田间虫情动态。利用色板可诱集到多种节肢动物，浅绿色板和黄色板诱集种类数和个体数最多，对蚜虫、蓟马等昆虫均有较强的诱集力，而且不污染环境，非目标生物无害或为害很少。

（三）阻隔法

根据害虫的活动习性，设置适当的障碍物，阻止害虫扩散或入侵为害。近年来，广泛利用防虫网作为屏障，将害虫阻止在网外，改变害虫行为。用防虫网、遮阳网、塑料薄膜防止成虫侵入，对毒蛾、夜蛾、蚜虫、斑潜蝇的防治效果比较理想，有条件的地区可推广应用；缺点是一次性投入大，且不能控制病害的发生，另外，防虫网内高温高湿，更要注意病害的蔓延，配合药剂加强田间管理。也可在田垄里撒上草木灰，阻止蝽类、红蜘蛛等与幼苗直接接触，同时阻断病毒病传染源——蚜虫，对病毒病有明显的预防效果。

（四）温湿度应用

不同种类有害生物的生长发育均有各自适应的温湿度范围，利用自然或人为控制调节的温湿度，不利于有害生物的生长、发

育和繁殖，直至死亡，从而达到防治目的。对于大多数害虫，最适宜生长和繁殖温度为25～33℃。降水较多时，土壤湿度较高。土壤饱和水分达到50%以上时，越冬幼虫多不能结茧而死亡。例如，大豆根潜蝇1年发生1代，以蛹在被害根茬上或被害根部附近土内越冬。5月下旬至6月上旬，气温高，雨水偏多，土壤湿度大，适宜发生为害。在播种前，通过浸种、消毒土壤等措施预防害虫发生。

（五）放射能治虫

应用放射能防治害虫可以直接杀死害虫，也可以损伤昆虫生殖腺体，造成雄虫不育，再将不育雄虫释放到田里，使其与雌虫交配，造成大量不能孵化卵，达到消灭害虫的目的。如在大豆田里，蛴螬生活较为隐蔽，常咬食作物幼根及茎的地下部分，造成植株断根、断茎，枯萎死亡，农田缺苗、断垄严重，利用放射性同位素标记法，可以有效提高防治效果。

（六）激光杀虫

由于不同种类昆虫对不同激光的敏感性各异，利用高能激光器进行核辐射处理，可以破坏害虫的某一个或某几个发育时期，杀伤害虫，造成遗传缺陷。激光器的能级如果低于害虫的致死剂量，可与其他方法配合使用。在害虫防治工作中，低功率的激光器可以发挥更大的作用。如果采用大直径光束的轻便激光器照射面积较大的大豆田，可以便利地杀死所有的害虫，合理控制激光束强度才能不将有益的昆虫杀灭，影响农作物的生长。激光杀虫是一种新型的杀虫方式，并且无污染，对周围环境影响小，也不会如化学农药一样，使害虫产生抗药性，相对于生物治虫的范围更加广阔，能取得较为理想的杀虫效果。

三、生物防治

生物防治，广义上是指利用自然界中各种有益的生物自身或其代谢产物对虫害进行有效控制的防治技术。狭义的生物防治定义则是指利用有益的活体生物本身（如捕食或寄生性昆虫、蛾类、线虫、微生物等）来防治病虫害的方法。生物防治是病虫害综合防治中的重要方法，在病虫害防治策略中具有非常重要的地位，我国古代有养鸭治虫、用虫蚁治虫的记载。生物防治是一种持久效应，通过生物间的相互作用来控制病虫为害，其显效不可能像化学农药那么快速、有效，但防效持久稳定，不会对人畜、植物造成伤害，不会对自然环境产生污染，不会产生抗性，而且还可以很好地保护天敌，对虫害进行长期稳定的防治。因此，科学合理地选择生物防治技术，不仅能够有效避免化学农药带来的环境污染，同时可提高对病虫害的防治效果。

（一）天敌防治技术

通过引入害虫的天敌来进行防治。每种害虫都有一种或几种天敌，能有效地抑制害虫的大量繁殖。保护和利用瓢虫、草蛉等天敌，可以杀灭蚜虫等害虫。对天敌的引入数量和时间要进行科学合理的控制，否则会起到相反的作用。在使用生物防治手段过程中，还要从经济的角度进行考虑，对于引入数量、防治成本、经济收益之间要进行综合的分析，尽可能降低防治成本，实现最大的经济效益和生态效益。用于天敌防治的生物可分为以下两类。

1. 捕食性天敌

主要有食虫脊椎动物和捕食性节肢动物两大类。鸟类有山雀、灰喜鹊、啄木鸟等，节肢动物中捕食性天敌有瓢虫、螳螂、草蛉、蚂蚁等昆虫，此外，还有蜘蛛、捕食螨类、蟾蜍、食蚊鱼等其他种类。

2. 寄生性天敌

主要有寄生蜂和寄生蝇，最常见的有赤眼蜂、寄生蝇防治

玉米螟等多种害虫，肿腿蜂防治天牛，花角蚜小蜂防治松突圆蚧。

（二）微生物防治技术

微生物防治技术包括细菌防治、真菌防治和病毒防治技术。

1. 细菌防治技术

细菌是随着害虫取食叶片而逐渐进入害虫体内，在害虫体内大量繁殖，形成芽孢，产生蛋白质霉素，从而对害虫的肠道进行破坏让其停止取食。此外，害虫体内的细菌还会引发败血症，让害虫较快死亡。现在生产上应用的细菌杀虫剂一般包含青虫菌、杀螟杆菌、苏云金杆菌等，能有效防治蛾类害虫等，且这些细菌杀虫剂在使用过程中也不会对人畜安全造成伤害。

2. 真菌防治技术

在导致昆虫疾病的所有微生物中，真菌约占50%，因此，在作物虫害防治工作中真菌防治技术具有非常重要的作用，在防治线虫、多种病害方面大量应用。现阶段，我国使用最多的是球孢白僵菌、金龟子绿僵菌、耳霉菌、微孢子虫防治多种害虫，利用厚孢轮枝菌、淡紫拟青霉防治多种线虫，以及利用木霉菌、腐霉菌防治多种病害。其培养成本相对较低，且培养过程中不需要非常复杂的设备仪器，具有大规模推广的可行性。真菌大规模流行需要高湿度的环境条件，一般相对湿度要保持在90%左右，外界温度在18~25℃时防治效果最佳。

3. 病毒防治技术

病毒会引发昆虫之间的流行病，从而发挥出防治害虫的效果。病毒防治技术一般选择多角体病毒、颗粒体病毒、细小病毒等，而最常见的是核型多角体病毒，它能够有效防治蛾类、螟类害虫。部分病毒的致病能力极强，可使害虫大规模死亡，即便是有染病不死的幼虫，当其化蛹之后也难以存活，同时一些能够生长为成虫的害虫体内也会带有病毒，在其产卵过程中会将病毒遗传给下一代。

(三) 性信息素诱杀性诱剂技术

主要包括性诱剂和诱捕器，对斜纹夜蛾、棉铃虫、二点委夜蛾等多种害虫诱杀效果较好。作为一种无毒无害、灵敏度高的生物防治技术，性信息素诱杀性诱剂技术具有不杀伤天敌、对环境无污染、群集诱捕、无公害的特点，目前发展到昆虫发生动态监测方面也可以使用性信息素性诱剂技术。在一定区域内，通过设置性诱剂诱芯诱捕器，在诱捕灭杀目标雄性昆虫的同时，干扰其正常繁殖活动，降低雌虫的有效落卵量，减少子代幼虫发生量。该技术对环境无任何污染、对人体无伤害，能减少农药使用量。近年来，化学信息素正与天敌昆虫、微生物制剂和植物源杀虫剂一起逐步成为害虫综合防治的基本技术之一。

(四) 生物药剂防治技术

广义生物农药是指利用生物产生的天然活性物质或生物活体本身制作的农药，有时也将天然活性物质的化学衍生物等称作生物农药。长期使用化学农药会导致环境污染，生物农药对环境友好而得到快速发展，并成为未来农药发展的一个重要方向。生物药剂主要分为三大类。

1. 植物源农药

在自然环境中易降解、无公害，已成为绿色生物农药首选之一，主要包括植物源杀虫剂、植物源杀菌剂、植物源除草剂及植物光活化毒素等。自然界已发现的具有农药活性的植物源杀虫剂有博落回杀虫杀菌系列、除虫菊素、烟碱和鱼藤酮等。植物源农药中的活性成分主要包括生物碱类、萜类、黄酮类、精油类等，大多属于植物的次生代谢产物，这类次生代谢物质

中有许多对昆虫表现出毒杀、行为干扰和生物发育调节作用，因而被广泛用于害虫的防治。例如，藜芦碱对叶蝉有致死作用，鱼藤酮可使害虫细胞的呼吸电子传递链受到抑制，最终可导致其死亡。

2. *动物源农药*

主要包括动物毒素、昆虫激素、昆虫信息素等，利用动物体的代谢物或其体内所含有的具有特殊功能的生物活性物质。目前动物源农药数量不如植物源农药多，有的处于研究阶段，例如斑蝥产生的斑蝥素、沙蚕产生的沙蚕毒素，具有毒杀有害生物的活性。昆虫分泌产生的微量化学物质，如蜕皮激素和保幼激素，可以调节昆虫的各种生理过程，杀死害虫或使其丧失生殖能力、为害功能等。昆虫外激素，即昆虫产生的作为种内或种间传输信息的微量活性物质，具有引诱、刺激、防御的功能。

3. *微生物源农药*

由细菌、真菌、病毒等微生物及其代谢产物加工制成的农药。包括农用抗生素和活体微生物农药两大类。

农用抗生素是由抗生菌发酵产生的具有农药功能的次生代谢物质，能产生农用抗生素的微生物种类很多，其中以放线菌产生的农用抗生素最为常见，如链霉素、井冈霉素、土霉素等，都是由从链霉菌属中分离得到的放线菌产生的。当前，农用抗生素不仅用作杀菌剂，也用作杀虫剂、除草剂和植物生长调节剂等。例如，用于细菌病害防治的杀菌类抗生素有农用链霉素、中生菌素、水合霉素和灭孢素等；用于真菌病害的抗生素种类更多，主要有春雷霉素、井冈霉素、多抗霉素、灭瘟素S、有效霉素等；用于杀虫、杀螨的抗生素则有阿维菌素、多杀菌素、杀蚜素、虫螨霉素、浏阳霉素、华光霉素、橘霉素

(梅岭霉素)等；还有用于植物病毒防治的三原霉素和天柱菌素，用于除草的双丙氨膦，用作植物生长调节剂的赤霉素、比洛尼素等。

四、化学防治

化学防治是使用各种有毒化学药剂来防治病虫草等有害生物，利用农药的生物活性，将有害生物种群或群体密度压低到经济损失允许水平以下。在使用农药时，需根据药剂、作物与有害生物特点选择施药方法，充分发挥药效，避免药害，尽量减少对环境的不良影响。主要施药方法有以下几种。

（一）喷雾法

利用喷雾器械将药液雾化后均匀喷在植物和有害生物表面，按用液量不同又分为常量喷雾（雾滴直径100~200微米）、低容量喷雾（雾滴直径50~100微米）和超低容量喷雾（雾滴直径15~75微米）。农田多用常量和低容量喷雾，两者所用农药剂型均为乳油、可湿性粉剂、可溶性粉剂、水剂和悬浮剂（胶悬剂）等，兑水配成规定浓度的药液喷雾。常量喷雾所用药液浓度较低，用液量较多；低容量喷雾所用药液浓度较高，用量较少(为常量喷雾的1/20~1/10)，工作效率高，但雾滴易受风力吹送漂移。

（二）喷粉法

利用喷粉器械喷撒粉剂，工作效率高，不受水源限制，适用于大面积防治。缺点是耗药量大，易受风的影响，散布不易均匀，粉剂在茎叶上黏着性差。

（三）种子处理

常用的有拌种法、浸种法、闷种法和应用种衣剂包衣。种子处理可以防治种传病害，并保护种苗免受土壤中有害生物侵害，

用内吸剂处理种子还可防治地上部病害和害虫。拌种剂（粉剂）和可湿性粉剂用干拌法拌种，乳剂和水剂等液体药剂可用湿拌法，即加水稀释后，喷洒在干种子上，搅拌均匀。浸种法是用药液浸泡种子。闷种法是用少量药液喷拌种子后堆闷一段时间再播种。利用种衣剂进行种子包衣，药剂可缓慢释放，有效期延长。

（四）土壤处理

播种前将药剂施于土壤中，主要防治植物根部病虫害，土表处理是用喷雾、喷粉、撒毒土等方法将药剂全面施于土壤表面，再翻耙到土壤中；深层施药是施药后再深翻或用器械直接将药剂施于较深土层。噻唑膦、阿维菌素、棉隆等杀线虫剂均用穴施或沟施法进行土壤处理。生长期也用撒施法、喷浇法施药，撒施法是将杀菌剂的颗粒剂或毒土直接撒施在植株根部周围。毒土是将乳剂、可湿性粉剂、水剂或粉剂与具有一定湿度的细土按一定比例混匀制成的。撒施法施药后应灌水，以便药剂渗滤到土壤中。喷浇法是将药剂加水稀释后喷浇于植株基部。

（五）熏蒸法

主要是土壤熏蒸，即用土壤注射器或土壤消毒机将液态熏蒸剂注入土壤内，在土壤中成气体扩散。土壤熏蒸后要按规定等待一段较长时间，待药剂充分散发后才能播种，否则易产生药害。

（六）烟雾法

利用烟剂或雾剂防治病害的方法。烟剂系农药的固体微粒（直径 0.001~0.1 微米）分散在空气中起作用，雾剂系农药的小液滴分散在空气中起作用。施药时用物理加热法或化学加热法引燃烟雾剂。烟雾法施药扩散能力强，只在密闭的温室、塑料大棚和郁蔽的森林中应用。

第二节　大豆病虫害防治

一、大豆病害

（一）大豆霜霉病

1. 症状表现

大豆霜霉病，在气温冷凉地区发生普遍，多雨年份病情加重。叶部发病可造成叶片提早脱落或凋萎，种子霉烂，千粒重下降，发芽率降低。该病为害幼苗、叶片、豆荚及籽粒。最明显的症状是在叶反面有霉状物。病原为东北霜霉，属于鞭毛菌亚门真菌。成株期感病多发生在开花后期，多雨潮湿的年份发病重。

2. 防治方法

（1）选用抗病力较强的品种。

（2）轮作。针对该菌卵孢子可在病茎、叶上残留在土壤中越冬，实行轮作，减少初侵染源。

（3）选用无病种子。

（4）种子药剂处理。播种前用63克/升精甲·咯菌腈种子处理悬浮剂300~400毫升/100千克种子，或22%苯醚·咯·噻虫悬浮种衣剂500~660毫升/100千克种子，或350克/升精甲霜灵种子处理乳剂按1：（1 250~2 500）（药种比）进行拌种或包衣。

（5）加强田间管理。中耕时注意铲除系统侵染的病苗，减少田间侵染源。

（6）药剂防治。发病初期开始喷洒40%百菌清悬浮剂175~250克/亩，或75%代森锰锌可湿性粉剂100~133克/亩，或58%甲霜灵·锰锌可湿性粉剂80~120克/亩，或2%宁南霉素水剂60~80毫升/亩喷雾。

上述药剂应注意交替使用，以减缓病菌抗药性的产生。

（二）大豆灰斑病

1. 症状表现

大豆叶片出现“蛙眼”状斑，是大豆灰斑病为害所致，大豆灰斑病又叫斑点病、蛙眼病，为低洼易涝区主要病害。该病为害大豆的叶、茎、荚、籽粒，但对叶片和籽粒的为害更为严重，受害叶片可布满病斑，造成叶片提早枯死。病原为大豆尾孢，属于半知菌亚门。一般 6 月上中旬叶片开始发病，7 月中旬进入发病盛期。

2. 防治方法

（1）农业措施。选用抗病品种、合理轮作避免重茬，收获后及时深翻；合理密植，及时清沟排水。

（2）种子处理。用 96%的天达噁霉灵+天达 2116 浸拌种专用型拌种。

（3）药剂防治。叶片发病后及时打药防治，最佳防治时期是大豆开花结荚期。发病初期用 250 克/升吡唑醚菌酯乳油 30～40 毫升/亩，或 17%唑醚·氟环唑 30～40 毫升/亩，或 18.7%丙环·嘧菌酯悬浮剂 30～60 毫升/亩喷雾防治。喷药时间要选在晴天 6—10 时，15—19 时，喷后遇雨要重喷。

（三）大豆根腐病

1. 症状表现

大豆根腐病是大豆苗期根部真菌病害的统称。大豆在整个生长发育期均可感染根腐病，造成苗前种子腐烂，苗后幼苗猝倒和植株枯萎死亡。苗期发病影响幼苗生长甚至造成死苗，使田间保苗数减少。成株期由于根部受害，影响根瘤的生长与数量，造成地上部生长发育不良以至矮化，影响结荚数与粒重，从而导致减产。

2. 防治方法

(1) 选用抗病品种。

(2) 合理轮作。因大豆根腐病主要是土壤带菌，与玉米、麻类作物轮作能有效预防大豆根腐病。

(3) 加强田间管理，及时翻耕，平整细耙，雨后及时排除积水，防止湿气滞留，可减轻根腐病的发生。

(4) 播种时沟施甲霜灵颗粒剂，使大豆根吸收可防止根部侵染。

(5) 播种前用63克/升精甲·咯菌腈种子处理悬浮剂300~400毫升/100千克种子，或22%苯醚·咯·噻虫悬浮种衣剂500~660毫升/100千克种子，或350克/升精甲霜灵种子处理乳剂按1:(1 250~2 500)(药种比)进行拌种或包衣。

(6) 喷洒或浇灌25%丙环唑乳油30~40毫升/亩，或5亿CFU/克多黏类芽孢杆菌KN-03悬浮剂2~3升/亩，或30%甲霜·噁霉灵1 000~1 500倍液等。

(7) 喷洒植物动力2003或多得稀土营养剂。

(四) 大豆锈病

1. 症状表现

大豆锈病是大豆的重要病害，主要为害大豆叶片，也可侵染叶柄和茎。以秋大豆发病较重，特别在雨季气候潮湿时发病严重。病原为豆薯层锈菌，属担子菌亚门的真菌。全国大豆锈病发病期：冬大豆3—5月，春大豆5—7月，夏大豆8—10月，秋大豆9—11月。

2. 防治方法

(1) 茬口轮作。与其他非豆科作物实行2年以上轮作。

(2) 清洁田园。收获后及时清除田间病残体，带出地外集中烧毁或深埋，深翻土壤，减少土表越冬病菌。

（3）加强田间管理。深沟高畦栽培，合理密植，科学施肥，及时整枝。开好排水沟系，使雨后能及时排水。

（4）药剂防治。在发病初期开始喷药，每隔 7~10 天喷 1 次，连续喷 1~2 次。药剂可选用 43%戊唑醇悬浮剂 15~20 毫升/亩，40%氟硅唑乳油 7~10 毫升/亩，300 克/升苯甲·丙环唑 20~30 毫升/亩，250 克/升嘧菌酯悬浮剂 40~60 毫升/亩等。

（五）大豆细菌性斑点病

1. 症状表现

大豆细菌性斑点病是大豆细菌性病害的统称，包括细菌性斑点病、细菌叶烧病和细菌角斑病，一般以细菌斑点病为害较重。为世界性发生的病害，尤其在冷凉、潮湿的气候条件下发病多，干热天气则阻止发病。主要为害叶片，也为害幼苗、叶柄、豆荚和籽粒。病原为丁香假单胞大豆致病变种，属于细菌。

2. 防治方法

（1）农业措施。与禾本科作物进行 3 年以上轮作。施用充分沤制的堆肥或腐熟的有机肥。调整播期，合理密植，收获后清除田间病残体，及时深翻，减少越冬病源数量。及时拔出病株深埋处理，用 2%宁南霉素水剂 250~300 倍液喷洒，视病情每隔 7 天喷施 1 次，共 2~3 次。

（2）药剂防治。

①药剂拌种：播种前用种子重量 0.3%的 50%福美双可湿性粉剂拌种。

②发病初期喷洒，可用下列药剂：3%中生菌素可溶性粉剂 95~110 克/亩，或 4 %低聚糖素可溶粉剂 85~165 克/亩，或 30%琥胶肥酸铜可湿性粉剂 200~234 克/亩，或 47%王铜可湿性粉剂 300~5 000倍液，或 12%松脂酸铜乳油 175~233 克/亩，均匀喷

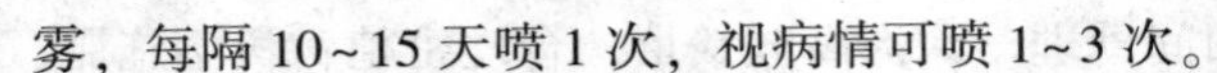

雾，每隔 10~15 天喷 1 次，视病情可喷 1~3 次。

(六) 大豆病毒病

1. 症状表现

大豆病毒病是系统性发生病害，常导致成株发病。在大豆生产上发生的病毒病种类并不多，但其为害却非常严重，如大豆花叶病毒病一直是大豆生产的重要病害。该病分布非常广泛，普遍发生于各大豆产区。一般大豆病毒侵染大豆后，植株正常营养生长受到破坏，表现为叶片黄化、皱缩，植株矮小、茎枯，单株荚数减少甚至不结荚，籽粒出现褐斑，严重影响大豆的产量与品质。流行年份造成大豆减产 25%左右，严重时减产 95%。

2. 防治方法

(1) 农业防治。

①种子处理：播种前严格选种，清除褐斑粒。适时播种，使大豆在蚜虫盛发期前开花。苗期拔除病苗，及时防治蚜虫，加强田间管理，培育壮苗，提高品种抗病能力。

②选育推广抗病毒品种：由于大豆花叶病毒以种子传播为主，且品种间抗病能力差异较大，又由于各地花叶病毒生理小种不一，同一品种种植在不同地区其抗病性也不同，因此，应在明确该地区花叶病毒的主要生理小种基础上选育和推广抗病品种。

③建立无病种子田：侵染大豆的病毒，很多是通过种子传播的，因此，种植无病毒种子是最有效的防治途径之一。建立无毒种子田要注意两点：一是种子田四周 100 米范围内无病毒寄主植物；二是种子田出苗后要及时清除病株，开花前再拔除一次病株，经 3~4 年种植即可得到无毒源种子。一级种子的种传率低于 0.1%，商品种子（大田用种）种传率低于 1%。

④加强种子检疫管理：我国大豆分布广泛，播种季节各不相同，形成的病毒株有差异。品种交换及种子销售均可能引入非本

地病毒或非本地的病毒株系，形成各种病毒或病毒株的交互感染，从而导致多病毒病流行。因此，种子生产及种子管理部门必须提供种传率低于1%的无毒种子，种子管理部门和检疫部门应严格把关。

（2）防治蚜虫。大豆病毒大多由蚜虫传播，大豆种子田用银膜覆盖或将银膜条间隔插在田间，起避蚜、驱蚜作用，田间发现蚜虫要及时用药剂防治。在迁飞前喷药效果最好，可选用50%抗蚜威可湿性粉剂2 000倍液，或2.5%溴氰菊酯乳油2 000~4 000倍液、2.5%高效氯氟氰菊酯乳油1 000~2 000倍液、2%阿维菌素乳油3 000倍液、40%乐果乳油1 000~2 000倍液、3%啶虫脒乳油1 500倍液、10%吡虫啉可湿性粉剂2 500倍液等于叶面喷施防治。

（3）化学防治。在发病重的地区可在发病初期喷洒一些防治病毒病的药剂，以提高大豆植株的抗病性，如2%香菇多糖水剂25~42克/亩，或80%盐酸吗啉胍水剂40~60克/亩、3%氨基寡糖素20~30毫升/亩、20%吗胍·乙酸铜可湿性粉剂167~250克/亩，或8%宁南霉素水剂42~63毫升/亩，兑水40~50千克喷雾防治，每隔10天喷1次，连喷2~3次。

（七）大豆孢囊线虫病

大豆孢囊线虫病又称大豆根线虫病、萎黄线虫病，俗称“火龙秧子”。

1. 症状表现

在大豆整个生育期均可发生，主要是根部。根部染病根系不发达，侧根显著减少，细根增多，不结根瘤或稀少。地上部植株矮小、子叶和真叶变黄、花芽簇生、节间短缩，开花期延迟，不能结荚或结荚少。重病株花及嫩荚枯萎、整株叶由下向上枯黄似火烧状，严重者全株枯死。

2. 防治方法

（1）选用抗病品种。不同的大豆品种对大豆孢囊线虫有不同程度的抵抗力，应用抗病品种是防治大豆孢囊线虫病的经济有效措施，目前生产上已推广抗线虫和较耐虫品种。

（2）合理轮作。与玉米轮作，孢囊量下降30%以上，是行之有效的农业防治措施，此外，要避免连作、重茬，做到合理轮作。

（3）搞好种子检疫，杜绝携带线虫的种子进入无病区。

（4）药剂防治。可用含有杀虫剂的35.6%阿维·多·福悬浮种衣剂1 000~1 250毫升/100千克种子，或2.9%吡唑酯·精甲霜·甲维种子处理悬浮剂835~1 110克/100千克种子拌种，然后播种。还可用200亿CFU/克苏云金杆菌HAN055可湿性粉剂3 000~5 000克/亩，于播种时撒在沟内，湿土效果好于干土，中性土比碱性土效果好，要求用器械施不可用手施，更不可溶于水后手沾药施。

二、大豆虫害

（一）大豆蚜

大豆蚜是大豆的重要害虫，以成虫或若虫为害。

1. 形态特征

（1）有翅孤雌蚜。体长1.2~1.6毫米，长椭圆形，头、胸黑色，额瘤不明显，触角长1.1毫米；腹部圆筒状，基部宽，黄绿色，腹管基半部灰色，端半部黑色，尾片圆锥形，具长毛7~10根，臀板末端钝圆，多毛。

（2）无翅孤雌蚜。体长1.3~1.6毫米，长椭圆形，黄色至黄绿色，腹部第1、7节有锥状钝圆形突起；额瘤不明显，触角短于躯体，第4、5节末端及第6节黑色，第6节鞭部为基部长

的3~4倍，尾片圆锥状，具长毛7~10根，臀板具细毛。

2. 发生规律

以成虫和若虫为害。6月下旬至7月中旬进入为害盛期。集中于植株顶叶、嫩叶和嫩茎。吸食大豆嫩枝叶的汁液，造成大豆茎叶卷曲皱缩，根系发育不良，分枝结荚减少。此外，还可传播病毒病。

3. 防治方法

根据虫情调查，在卷叶前施药。20%氰戊菊酯乳油10~20毫升/亩，或25%哒嗪硫磷乳油800倍液，或22%噻虫·高氯氟微囊悬浮-悬浮剂5~9毫升/亩，或4%高氯·吡虫啉乳油30~40毫升/亩喷雾防治。

（二）大豆食心虫

大豆食心虫俗称“小红虫”。

1. 形态特征

（1）成虫。体长5~6毫米，翅展12~14毫米，黄褐色至暗褐色。前翅前缘有10条左右黑紫色短斜纹，外缘内侧中央银灰色，有3个纵列紫斑点。雄蛾前翅色较淡，腹部末端较钝。雌蛾前翅色较深，腹部末端较尖。

（2）幼虫。体长8~10毫米，初孵时乳黄色，老熟时变为橙红色。

2. 发生规律

以幼虫蛀入豆荚咬食豆粒为害，每年发生1代，以老熟幼虫在地下结茧越冬。翌年7月中下旬向土表移动化蛹，成虫在8月羽化，幼虫孵化后蛀入豆荚为害。7—8月降水量较大，虫害易发生。连作大豆田虫害较重。大豆结荚盛期如与成虫产卵盛期相吻合，受害严重。

3. 防治方法

（1）选用抗虫品种。

（2）合理轮作，秋天深翻地。

（3）药剂防治。施药关键期为成虫产卵盛期 3~5 天后的低龄幼虫期。可喷施 40%毒死蜱乳油 80~100 克/亩，或 25 克/升高效氯氟氰菊酯乳油 15~20 克/亩，或 25 克/升溴氰菊酯乳油 16~24 克/亩、14%氯虫·高氯氟微囊悬浮-悬浮剂 15~20 毫升/亩，或 21%氰戊·马拉松乳油 30~40 克/亩，加水 30~40 升喷雾防治。

（三）大豆红蜘蛛

大豆上发生为害的红蜘蛛是棉红蜘蛛，也叫作朱砂叶螨，俗名火龙、火蜘蛛。

1. 形态特征

（1）成虫。成虫体长 0.3~0.5 毫米，红褐色，有 4 对足。雌螨体长 0.5 毫米，卵圆形或梨形，前端稍宽隆起，尾部稍尖，体背刚毛细长，体背两侧各有 1 块黑色长斑；越冬雌虫朱红色有光泽。雄虫体长 0.3 毫米，紫红至浅黄色，纺锤形或梨形。

（2）卵。卵直径 0.13 毫米，圆球形，初产时无色透明，逐渐变为黄带红色。

（3）幼虫。幼螨足 3 对，体圆形，黄白色，取食后卵圆形浅绿色，体背两侧出现深绿长斑。若螨足 4 对，淡绿至浅橙黄色，体背出现刚毛。

2. 发生规律

大豆红蜘蛛的成虫、若虫均可为害大豆，在大豆叶片北面吐丝结网，并以刺吸式口器吸食液汁。受害豆叶最初出现黄白色斑点，种苗生长迟缓，矮小，叶片早落，结荚数减少，结实率降低，豆粒变小，受害重时，使大豆植株全株变黄，卷缩，枯焦，如同火烧状，叶片脱落甚至成为光秆。

3. 防治方法

（1）农业防治。保证保苗率，施足底肥，并要增加磷、钾

肥的施入量，以保证苗齐苗壮，增强大豆自身的抗红蜘蛛为害能力；及时除草，防治草荒，大豆收获后要及时清除豆田内杂草，并及时翻耕，整地，消灭大豆红蜘蛛越冬场所；合理轮作；合理灌水，或采用喷灌，可有效抑制大豆红蜘蛛繁殖。

（2）药物防治。防治方法按防治指标以挑治为主，重点地块重点防治。可选用1.8%阿维菌素乳油60~80毫升/亩进行叶面喷雾防治。

田间喷药最好选择晴天16—19时进行，重点喷施大豆叶片的背面。喷药时要做到均匀周到，叶片正、背面均应喷到，才能收到良好的防治效果。

(四) 大豆根潜蝇

大豆根潜蝇又称潜根蝇、豆根蛇潜蝇等。

1. 形态特征

（1）成虫。成虫体长约3毫米，翅展1.5毫米，亮黑色，体形较粗。复眼大，暗红色。触角鞭节扁而短，末端钝圆。翅为浅紫色，有金属光泽。足黑褐色。

（2）卵。卵长约0.4毫米，橄榄形，白色透明。

（3）幼虫。幼虫体长约4毫米，为圆筒形、乳白色小蛆，进而全体呈现浅黄色，半透明；头缩入前腔，口钩为黑色，呈直角弯曲，其尖端稍向内弯。前气门1对，后气门1对，较大，从尾端伸出，与尾轴垂直，互相平行，气门开口处如菜花状。表面有28~41个气门孔。

（4）蛹。长2.5~3毫米，长椭圆形，黑色，前后气门明显突出，靴形，尾端有两个针状须（后气门）。

2. 发生规律

主要以幼虫为害主根，形成肿瘤以至腐烂，重者死亡，轻者使地下部生长不良，并可引起大豆根腐病的发生。一般5月下旬至6月下旬气温高，适宜虫害发生，连作、杂草多以及早播的地块为害重。

3. 防治方法

防治原则是在做好预测预报的基础上，尽可能采用生物或物理等方法防除，以减少对环境的污染。

(1) 农业防治。

①深翻轮作：豆田秋季深耕耙茬，深翻20厘米以上，能把蛹深埋土中，降低成虫的羽化率；秋耙茬能把越冬蛹露出地表，经冬季低温干旱，使蛹不利羽化而死亡。轮作也可减轻为害。

②选用抗虫品种。

③适时播种：当土壤温度稳定超过8℃时播种，播种深为3~4厘米，播后应及时镇压，另外，适当增施磷、钾肥，增施腐熟的有机肥，促进幼苗生长和根皮木质化，可增强大豆植株抗害能力。

④田间管理：科学灌溉，雨后及时排水，防止地表湿度过大。适时中耕除草，施肥，并喷施促花王3号抑制主梢旺长，促进花芽分化，同时在花蕾期、幼荚期和膨果期喷施菜果壮蒂灵，可强花强蒂，提高抗病能力，增强授粉质量，促进果实发育。

(2) 药剂拌种。用50%辛硫磷乳油兑水喷洒到大豆种子上，边喷边拌，拌匀后闷种4~6小时，阴干后即可播种。或种子用种衣剂加新高脂膜拌种。

(3) 土壤处理。用3%呋喃丹颗粒剂处理土壤，每亩用量1~66千克，拌细潮土撒施入播种穴或沟内，然后再播大豆种子；播种后及时喷施新高脂膜800倍液保温防冻，防止土壤板结，提高出苗率。

(4) 田间喷药防治成虫。大豆出苗后，每天16—17时到田间观察成虫数，如每平方米有0.5~1头成虫，即应喷药防治。

成虫发生盛期也可用25%噻虫嗪水分散粒剂23～30克/亩，或10%溴氰虫酰胺可分散油剂14～24毫升/亩，或1.8%阿维菌素微乳剂60～80毫升/亩喷雾。

在成虫多发期为5月末至6月初，大豆长出第一片复叶之前进行第一次喷药，7～10天后喷第二次。

第三节　玉米病虫害防治

一、玉米病害

（一）玉米大斑病

1. 症状表现

主要为害玉米的叶片、叶鞘和苞叶。下部叶片先发病，在叶片上先出现水渍状青灰色斑点，然后沿叶脉向两端扩展，形成边缘暗褐色、中央淡褐色或青灰色的大斑，后期病斑常纵裂。严重时病斑融合，叶片变黄枯死。潮湿时病斑上有大量灰黑色霉层。

2. 防治方法

（1）农业防治。选用抗病品种；适期早播避开病害发生高峰。

（2）药剂防治。在心叶末期到抽雄期或发病初期喷洒45%代森铵水剂78～100毫升/亩，或13%井冈霉素水剂60～70毫升/亩，或25%吡唑醚菌酯悬浮剂30～50毫升/亩，或17%吡唑·氟环唑悬浮剂40～60毫升/亩，隔10天喷1次，连喷2～3次。

（二）玉米小斑病

1. 症状表现

玉米整个生育期均可发病，以抽雄、灌浆期发生较多。主要为害叶片，有时也可为害叶鞘、苞叶和果穗。苗期染病初在叶面上产生小病斑，周围或两端具褐色水浸状区域，病斑多时融合在一起，叶片迅速死亡。在感病品种上，病斑为椭圆形或纺锤形，较大，不受叶脉限制，灰色至黄褐色，病斑边缘褐色或边缘不明显，后期略有轮纹。在抗病品种上，出现黄褐色坏死小斑点，有黄色晕圈，表面霉层很少。在一般品种上，多在叶脉间产生椭圆形或近长方形斑，黄褐色，边缘有紫色或红色晕纹圈。有时病斑上有2~3个同心轮纹。多数病斑连片，病叶变黄枯死。叶鞘和苞叶染病，病斑较大，纺锤形，黄褐色，边缘紫色不明显，病部长有灰黑色霉层。

2. 防治方法

（1）农业防治。选用抗病品种，清洁田园，深翻土地，控制菌源，降低田间湿度，适期早播，合理密植，避免脱肥。

（2）药剂防治。发病初期喷洒45%代森铵水剂78~100毫升/亩，或23%井冈霉素水剂30~40毫升/亩、400克/升氟硅唑乳油5~6毫升/亩，或18.7%丙环·嘧菌酯悬浮剂50~70毫升/亩。从心叶末期到抽雄期，每7天喷1次，连续喷2~3次。

（三）玉米锈病

1. 症状表现

主要侵害玉米叶片，偶尔为害玉米苞叶和叶鞘。发病初期在叶片基部和上部主脉及两侧，散生或聚生淡黄色斑点，后突起形成红褐色疱斑，即病原夏孢子堆。后期病斑形成黑色疱斑，即病原冬孢子堆。发生严重时，叶片上布满孢子堆，造成大量叶片干枯，植株早衰，籽粒不饱满，导致减产。更重时，造成叶片从受害部位折断，全株干枯，减产严重。

2. 防治方法

（1）农业防治。种植抗病品种。适当早播，合理密植，中耕松土，浇适量水，合理施肥。

（2）药剂防治。在玉米锈病的发病初期用药防治。用250克/升丙环唑乳油30~50克/亩，或30%醚菌酯悬浮剂50~70克/亩，或80%戊唑醇可分散粒剂10~12克/亩，或40%唑醚·戊唑醇悬浮剂15~20毫升/亩。隔10天左右喷1次，连喷2~3次。

（四）玉米青枯病

1. 症状表现

在玉米灌浆期开始发病，乳熟末期至蜡熟期进入显症高峰。从始见病叶至全株显症常见有两种类型。青枯型：即典型症状或称急性型。叶片自下而上突然萎蔫，迅速枯死，叶片灰绿色、水烫状。黄枯型：又称慢性型。包括从上向下枯死和自下而上枯死两种，叶片逐渐变黄而死。该型多见于抗病品种，发病时期与青枯型相近。

2. 防治方法

（1）农业防治。选育和使用抗病品种。增施底肥、农家肥及钾肥、硅肥。平整土地，合理密植，及时防治黏虫、玉米螟和地下害虫。

（2）药剂防治。在发病初期喷根茎，可45%代森铵水剂78~100毫升/亩，或40%唑醚·戊唑醇悬浮剂15~20毫升/亩，或23%井冈霉素水剂30~40毫升/亩，每隔7~10天喷1次，连治2~3次。

（五）玉米瘤黑粉病

1. 症状表现

玉米整个生长期均可发生，只感染幼嫩组织。苗期发病，常在幼苗茎基部生瘤，病苗茎叶扭曲畸形，明显矮化，可造成植株死亡。成株期发病，叶和叶鞘上的病瘤常为黄、红、紫、灰杂色疮痂病斑，成串密生或呈粗糙的皱褶状，在叶基近中脉两侧最多，一般形成冬孢子前就干枯。茎上病瘤大型，常生于各节的基部，多为腋芽受侵后病菌扩展、组织增生、突出叶鞘而成。成熟前白色肉质而富有水分，后变淡灰色或粉红色，最后变成黑褐色。成熟后外膜破裂散出大量黑粉。雄穗抽出后，部分小穗感染常长出长囊状或角状的小瘤，多几个聚集成堆，一个雄穗可长出几个至十几个病瘤。雌穗受害多在上半部或个别籽粒生瘤，病瘤一般较大，常突破苞叶外露。

2. 防治方法

（1）农业防治。种植抗病品种。施用充分腐熟有机肥。抽雄前适时灌溉，勿受旱。清除田间病残体，在病瘤未变之前割除深埋。

（2）药剂防治。在玉米出苗前地表喷施40%苯醚甲环唑悬浮剂12.5~15毫升/亩，或15%三唑酮可湿性粉剂60~80克/亩，在玉米抽雄前喷15%三唑酮可湿性粉剂60~80克/亩、43%氟嘧·戊唑醇悬浮剂30~40毫升/亩，防治1~2次，可有效减轻病害。

（六）玉米穗腐病

玉米穗腐病是由多种病原真菌侵染引起的玉米穗部病害的统称，病原主要有串珠镰刀菌、禾谷镰刀菌、青霉菌、曲霉菌、粉红单端孢。该病在我国发生十分普遍，近年来有逐年加重的趋势。

1. 症状表现

玉米穗腐病株的果穗及籽粒均可受害，被侵染的果穗局部或全部变色，出现粉红色、黄绿色、褐色及灰黑色的霉层。病穗无光泽，籽粒不饱满或霉烂秕瘪，苞叶常被病菌侵染，黏结在一起，贴于果穗上不易剥离。

2. 防治方法

选用抗病品种，合理密植，在蜡熟前期或中期剥开苞叶晾

晒。药剂防治可用29%噻虫·咯·霜灵悬浮种衣剂、30%精甲·咯·灭菌悬浮种衣剂、11%精甲·咯·嘧菌悬浮种衣剂拌种，减少病原菌的初侵染。玉米抽穗期用45%代森铵水剂78~100毫升/亩或43%氟嘧·戊唑醇悬浮剂30~40毫升/亩喷雾，重点喷果穗及下部茎叶。

（七）玉米纹枯病

1. 症状表现

主要为害叶鞘，也可为害茎秆，严重时引起果穗受害。发病初期多在基部1~2茎节叶鞘上产生暗绿色水渍状病斑，后扩展融合成不规则形或云纹状大病斑。病斑中部灰褐色，边缘深褐色，由下向上蔓延扩展。穗苞叶染病也产生同样的云纹状斑。严重时根茎基部组织变为灰白色，次生根黄褐色或腐烂。多雨、高湿持续时间长时，病部长出稠密的白色菌丝体，菌丝进一步聚集成多个菌丝团，形成小菌核。

2. 防治方法

（1）农业防治。种植抗病品种。秋季深翻土地，合理密植，避免偏施氮肥。

（2）药剂防治。发病初期用24%井冈霉素水剂30~40毫升/亩，或240克/升噻呋酰胺悬浮剂18~23毫升/亩，或40%唑醚·氟环唑悬浮剂20~25毫升/亩，或10%己唑醇悬浮剂15~20毫升/亩，重点喷玉米基部。

（八）玉米弯孢霉菌叶斑病（又称黄斑病）

1. 症状表现

主要为害叶片，偶尔为害叶鞘。叶部病斑初为水浸状褪绿半透明小点，后扩大为圆形、椭圆形、梭形或长条形病斑，病斑2~7毫米，病斑中心灰白色，边缘黄褐或红褐色，外围有淡黄色晕圈，并具有黄褐相间的断续环纹。潮湿条件下，病斑正反两面均可产生灰黑色图纸状物，即病原菌的分生孢子。感病品种叶片密布病斑，病斑结合后叶片枯死。

2. 防治方法

（1）农业防治。选择抗病组合。田间发病较轻的品种材料有农大108、郑单14等。清洁田园，玉米收获后及时清理病株和落叶，集中处理或深耕深埋，减少初侵染来源。

（2）药剂防治。调查发病率在5%~7%，气候条件适宜，有大流行趋势时，应立即喷施杀菌剂进行防治，可用45%代森铵水剂78~100毫升/亩，或13%井冈霉素水剂60~70毫升/亩，或25%吡唑醚菌酯悬浮剂30~50毫升/亩，或17%吡唑·氟环唑悬浮剂40~60毫升/亩喷雾。

（九）玉米粗缩病

1. 症状表现

玉米粗缩病病株严重矮化，高仅为健株的1/3~1/2，叶色深绿，宽短质硬，呈对生状，叶背面侧脉上现蜡白色突起物，粗糙明显。有时叶鞘、果穗苞叶上具蜡白色条斑。病株分蘖多，根系不发达，易拔出。轻者虽抽雄，但半包被在喇叭口里，雌穗败育或发育不良，花丝不发达，结实少，重病株多提早枯死和无收。

2. 防治方法

（1）农业防治。在病害重发地区，应调整播期，使玉米对病害最为敏感的生育时期避开灰飞虱成虫盛发期，降低发病率。春播玉米应当提前到4月中旬以前播种；夏播玉米则应集中在5月底至6月上旬为宜。玉米播种前或出苗前大面积清除田间、地边杂草，减少毒源，提倡化学除草。合理施肥、灌水，加强田间管理，缩短玉米苗期时间。

（2）药剂防治。玉米播种前后和苗期对玉米田及四周杂草喷50%吡蚜酮可湿性粉剂8~10克/亩或50%吡蚜·异丙威可湿

性粉剂 25~30 克/亩。玉米苗期喷洒 0.06%甾烯醇水乳剂 30~40 毫升/亩。也可在灰飞虱传毒为害期，尤其是玉米 7 叶期前喷洒 50%吡蚜酮可湿性粉剂 8~10 克/亩或 50%吡蚜·异丙威可湿性粉剂 25~30 克/亩，隔 6~7 天 1 次，连喷 2~3 次。

（十）玉米褐斑病

1. 症状表现

主要为害叶片、叶鞘和茎秆，叶片与叶鞘相连处易染病。叶片、叶鞘染病后病斑圆形至椭圆形，褐色或红褐色，病斑易密集成行，小病斑融合成大病斑，病斑四周的叶肉常呈粉红色，后期病斑表皮易破裂，散出褐色粉末，即病原菌的休眠孢子。

2. 防治方法

（1）农业防治。收获后彻底清除病残体，及时深翻。选用抗病品种。适时追肥、中耕锄草，促进植株健壮生长，提高抗病力。栽植密度适当，提高田间通透性。

（2）药剂防治。在玉米 10~13 叶期喷洒 45%代森铵水剂 78~100 毫升/亩，或 23%井冈霉素水剂 30~40 毫升/亩、400 克/升氟硅唑乳油 5~6 毫升/亩，或 18.7%丙环·嘧菌酯悬浮剂 50~70 毫升/亩。

（十一）玉米矮花叶病毒病（叶条纹病）

1. 症状表现

黄绿条纹相间，出苗 7 叶易感病，发病早、重病株枯死，损失 90%~100%，全生育期均能感病，苗期发病为害最重，出穗后轻，病菌最初侵染心叶基部，细脉间出现椭圆形褪绿小斑点，断续排列，呈典型的条点花叶状，渐至全叶，形成明显黄绿相间褪绿条纹，叶脉呈绿色。该病以蚜虫传毒为主，越冬寄主是多年生禾本科杂草。

2. 防治方法

（1）农业防治。因地制宜，合理选用抗病品种，在田间尽早识别并拔除病株。适期播种和及时中耕锄草，可减少传毒寄主，减轻发病。

(2) 药剂防治。在传毒蚜虫迁入玉米田的始期和盛期，及时喷洒50%吡蚜酮可湿性粉剂8~10克/亩或50%吡蚜·异丙威可湿性粉剂25~30克/亩。

二、玉米虫害

(一) 玉米螟

玉米螟又称钻心虫，属鳞翅目，螟蛾科，我国以亚洲玉米螟为主，欧洲玉米螟仅在新疆、河北、内蒙古及宁夏的部分地区发生。

1. 形态特征

成虫体长10~13毫米，黄褐色蛾子。卵扁椭圆形，鱼鳞状排列成卵块，初产乳白色，半透明，后转黄色，表具网纹，有光泽。幼虫头和前胸背板深褐色，体背为淡灰褐色、淡红色或黄色等。蛹黄褐至红褐色，臀棘显著，黑褐色。

2. 发生规律

玉米螟在东北及西北地区1年发生1~2代，黄淮、华北平原及西南地区1年发生2~4代，江汉平原1年发生4~5代，广东、广西及台湾1年发生5~7代。玉米螟以老熟幼虫在寄主被害部位及根茎内越冬。成虫昼伏夜出，有趋光性。成虫将卵产在玉米叶背中脉附近，每个卵块20~60粒，每雌可产卵400~500粒。卵期3~5天，幼虫5龄，历期17~24天。初孵幼虫有吐丝下垂习性，并随风扩散或爬行扩散，钻入心叶内啃食叶肉，只留表皮。1~3龄幼虫群集在心叶喇叭口及雄穗中为害，幼虫4~5龄开始向下转移，蛀入雌穗，影响雌穗发育和籽粒灌浆。幼虫老熟后，即在玉米茎秆、苞叶、雌穗和叶鞘内化蛹，蛹期6~10

天。玉米螟发生适宜的温度为16~30℃，相对湿度在80%以上。长期干旱，会使螟蛾卵量减少。

3. 防治方法

（1）农业防治。处理秸秆，降低越冬幼虫数量。

（2）生物防治。在玉米螟产卵始期，释放赤眼蜂2~3次，每亩释放1万~2万头；也可每亩用每克含100亿以上孢子的Bt乳剂200毫升，按药、水、干细沙比例为0.4∶1∶10配制成颗粒剂，丢或撒施于玉米植株心叶内；还可用白僵菌封垛，每立方米秸秆用菌粉（每克含孢子50亿~100亿）100克，在玉米螟化蛹前喷施于垛上。发生初期可喷施10亿PIB/毫升甘蓝夜蛾核型多角体病毒悬浮剂80~100毫升/亩，或20亿PIB/毫升芹菜夜蛾核型多角体病毒Kew1悬浮剂100~125毫升/亩，或400亿孢子/克球孢白僵菌可分散油悬浮剂100~120克/亩等。

（3）化学防治。心叶末期虫伤叶株率达10%，穗期虫穗率达10%或百穗花丝有虫50头时，进行普治，选用25克/升溴氰菊酯20~30毫升/亩拌毒土于喇叭口期撒施，或200克/升氯虫苯甲酰胺悬浮剂3~5毫升/亩，或10%四氯虫酰胺悬浮剂20~40克/亩，或20%氟苯虫酰胺悬浮剂8~12毫升/亩，或5%甲氨基阿维菌素苯甲酸盐可溶粒剂10~15克/亩，或200克/升四唑虫酰胺悬浮剂7.5~10毫升/亩等喷雾防治。

（二）玉米蚜虫

玉米蚜虫，又叫玉米蜜虫、腻虫等。

1. 形态特征

无翅孤雌蚜体长卵形，若蚜体深绿色，成蚜为暗绿色，披薄白粉，附肢黑色，复眼红褐色，触角6节，体表有网纹。腹管长圆筒形，端部收缩，腹管具覆瓦状纹，基部周围有黑色的晕纹；尾片圆锥状，具毛4~5根。有翅孤雌蚜长卵形，体深绿色，头、胸黑色发亮，复眼为暗红褐色，腹部黄红色至深绿色；触角 6 节比身体短；腹部 2~4 节各具 1 对大型缘斑；翅透明，前翅中脉分为二叉，足为黑色；腹管为圆筒形，端部呈瓶口状，暗绿色且较短；尾片两侧各着生刚毛 2 根；卵椭圆形。

2. 发生规律

玉米蚜在我国玉米种植区年发生 20 代左右，冬季以成蚜、若蚜在禾本科植物的心叶里越冬。翌年 3—4 月随气温上升，开始活动，4 月底至 5 月上旬，玉米蚜产生大量有翅迁飞成蚜，迁往春玉米、高粱田繁殖为害。以成、若蚜群集于叶片、嫩茎、花蕾、顶芽等部位刺吸汁液，使叶片皱缩、卷曲、畸形。在为害的同时分泌“蜜露”，在叶面形成一层黑色霉状物，影响作物的光合作用，导致减产。此外，尚能传播玉米矮花叶病毒病。

3. 防治方法

（1）及时清除杂草，截断虫源。在玉米播后，玉米生长中要勤中耕除草，特别夏玉米要及时清除田地周围的杂草，将除掉的杂草等带出田外处理，能减少发生，有效地截断虫源。

（2）选用抗虫品种、有包衣的良种。有些品种自身有抗虫性，所以在选择品种时，将品种的抗逆性作为一个重要的因素考虑，抗逆性差的品种，产量表现再高，最好不要选择使用。另外，经过药物处理的种子，能有效地控制蚜虫的发生，在购玉米种时尽量选用经过药、肥处理带有包衣的品种。

（3）带药追肥。为起到良好的预防效果，可在玉米追肥时加入适量吡虫啉或噻虫嗪颗粒剂。为避免产生药害，要注意用量。噻虫嗪药肥效果也较好，可直接购买并按要求施用。也可在喇叭口期，使用噻虫嗪颗粒剂丢心防治。

（4）药物防治。目前防治玉米蚜虫药物很多，主要有啶虫脒、氯氟氰菊酯、吡虫啉、噻虫嗪等，主要选低残留、低毒、高

效的药物，盛发期可喷2次，间隔5~7天。在每百株有蚜虫2 000头时，按说明书要求喷施玉米叶片。

（三）玉米蓟马

蓟马是玉米苗期害虫，主要有玉米黄蓟马、禾蓟马、稻管蓟马等，个体小，会飞善跳。

1. 形态特征

雌成虫分长翅型、半长翅型和短翅型。体小，暗黄色，胸部有暗灰斑。前翅灰黄色，长而窄，翅脉少但显著，翅缘毛长。半长翅型翅长仅达腹部第5节，短翅型翅略呈长三角形。卵肾形，乳白至乳黄色。若虫体色乳青或乳黄，体表皱纹有横排隆起颗粒。蛹或前“蛹”（即第三龄若虫）体淡黄色，有翅芽为淡白色，蛹块羽化时呈褐色。

2. 发生规律

玉米蓟马以成、若虫群集在玉米新叶内锉吸叶片汁液或表皮，叶片受害后，出现断续的银白色斑点，并伴有小污点，严重时植株生长心叶扭曲，叶片不能展开，使叶片呈“牛尾巴”状畸形叶，甚至造成烂心，对玉米的正常生长造成很大影响。防治指标：有虫株率5%或百株虫量30头。

3. 防治方法

（1）农业防治。结合田间定苗，拔除虫苗，带出田外，减少其传播蔓延。清除田间地头杂草，防治杂草上的蓟马向玉米幼苗上转移。增施苗肥，适时浇水，促进玉米早发，营造不利于蓟马发生的环境，以减轻其为害。

（2）化学防治。防治玉米蓟马可选用10%吡虫啉可湿性粉剂每亩15~20克加4. 5%高效氯氰菊酯乳油每亩20~30毫升，兑水30千克进行常规喷雾，对卷成“牛尾巴”状畸形苗，从顶部掐掉一部分，促进心叶展出。喷药时，注意喷施在玉米心叶内和田间、地头杂草上，还可兼治灰飞虱。施药时间选择 10 时前或 15 时后，避开高温，以免造成药害。

（四）黏虫

黏虫，又称东方黏虫、行军虫、夜盗虫、剃枝虫、五彩虫、麦蚕等，属鳞翅目，夜蛾科。

1. 形态特征

幼虫：幼虫头顶有“八”字形黑纹，头部褐色、黄褐色至红褐色，2~3 龄幼虫黄褐至灰褐色，或带暗红色，4 龄以上的幼虫多是黑色或灰黑色。身上有 5 条背线，所以又叫五色虫。腹足外侧有黑褐纹，气门上有明显的白线。蛹红褐色。

成虫：体长 17~20 毫米，淡灰褐色或黄褐色，雄蛾色较深。前翅有两个土黄色圆斑，外侧网斑的下方有一小白点，白点两侧各有一小黑点，翅顶角有 1 条深褐色斜纹。

卵：馒头形，稍带光泽，初产时白色，颜色逐渐加深，将近孵化时黑色。

2. 发生规律

玉米黏虫以幼虫暴食玉米叶片，严重发生时，短期内吃光叶片，造成减产甚至绝收。为害症状主要以幼虫咬食叶片。1~2 龄幼虫取食叶片造成孔洞，3 龄以上幼虫为害叶片后呈现不规则的缺刻，暴食时，可吃光叶片。大发生时将玉米叶片吃光，只剩叶脉，造成严重减产，甚至绝收。当一块田玉米被吃光，幼虫常成群列纵队迁到另一块田为害，故又名“行军虫”。一般地势低、玉米植株高矮不齐、杂草丛生的田块受害重。

降水过程较多，土壤及空气湿度大等气象条件非常利于黏虫的发生为害。发生规律乱、虫无滞育现象，只要条件适宜，可连续繁育。世代数和发生期因地区、气候而异。玉米黏虫为杂食性暴食害虫，为害最严重。

3. 防治方法

（1）物理防治。采用草把、糖醋盒、黑光灯等诱杀成虫，压低虫口。

（2）化学防治。当百株玉米虫口达 30 头时，在幼虫 3 龄前，可用 100 亿孢子/克球孢白僵菌可分散油悬浮剂 600～800 毫升/亩，或 5%高效氯氟氰菊酯乳油 8～10 毫升/亩，或 200 克/升氯虫苯甲酰胺悬浮剂 10～15 毫升/亩，或 30%乙酰甲胺磷乳油 180～240 毫升/亩喷施。

第四节　大豆玉米常见杂草防除技术

一、大豆田常见杂草类型及特点

（一）杂草类型

大豆田杂草种类很多，经常发生造成为害导致作物减产的有 20 多种，其中一年生禾本科杂草有稗草、野燕麦、马唐、狗尾草、金狗尾草、野黍等；一年生阔叶杂草有鸭跖草、柳叶刺蓼、酸模叶蓼、卷茎蓼、反枝苋、藜、小藜、香薷、水棘针、狼把草、龙葵、苘麻、铁苋菜、苍耳、野西瓜苗等；多年生阔叶杂草有刺儿菜、大刺儿菜、问荆、苣荬菜、蒿属等；多年生禾本科杂草有芦苇等。

（二）杂草为害特点

大豆是中耕作物，行距比较宽，从苗时到封垄期，杂草不断发生，前期以一年生早春杂草占优势，6 月上旬以一年生晚春杂苍耳、鸭跖草、稗草为优势种，同时大豆苗间杂草一直到封垄后发生在大豆田间造成为害，特别是稗草、鸭跖草、酸模叶蓼、卷茎蓼、反枝苋、藜、狼把草、龙葵、苘麻、铁苋菜、苍耳、刺儿菜、问荆、苣荬菜、芦苇等生长旺盛，株高超过大豆为害更严重。

（三）杂草种群变化

杂草种群以越冬型、早春型和春夏发生型混生杂草为主，杂草种群在不断演变，由于近年轮作制度的改变，栽培措施和防除措施的影响，使大豆田杂草种群变化明显。大豆重迎茬种植比例加大，在迎茬和正茬的大豆田内，其杂草主要是禾本科和阔叶杂草构成的群落，重茬大豆田内，其阔叶杂草较禾本科发生严重，并随着连作年限的延长，恶性杂草鸭跖草、苣荬菜和刺儿菜等为害加重，形成以阔叶杂草占优势的杂草种群；同时大豆田杂草种群与耕作措施有关，深松耙地的深浅、整地质量的好坏，以及起垄时间的早晚等也影响其种群的变化，由于连年耙茬，苣荬菜、刺儿菜地下茎长；杂草的群落与土地开垦的年限和植被有关，持续种植，其杂草群落也将发生变化。杂草发生的种类多、数量大、为害重。人均耕地多，管理较粗放，若上一年管理不善，下一年杂草发生量则加倍；大豆播后，降水量大，杂草萌发整齐，此时杂草对大豆为害严重。

二、玉米田常见杂草类型及特点

（一）杂草类型

玉米田杂草发生普遍，种类繁多，主要有稗草、马唐、牛筋草、反枝苋、藜、苋、马齿苋、铁苋菜、刺儿菜、田旋花、苍耳等。春播发生的杂草与夏播略有不同，春播田以多年生杂草、越年生杂草和早春性杂草为主，如打碗花、田旋花、苣荬菜、芥菜、藜、蓼等；夏播田以一年生禾本科杂草和晚春性杂草为主，如稗草、马唐、狗尾草、牛筋草、反枝苋、马齿苋等。玉米田其他杂草发生量相对较小的杂草有藜、蓼、莎草、田旋花、田蓟、

早熟禾、苘麻、龙葵、苣荬菜、荞麦蔓等。

（二）杂草为害特点

春玉米田发生的杂草有2个高峰期，5月以阔叶杂草为主，6—7月以禾本科为主，特别在玉米的苗期杂草为害严重，在中后期的杂草对玉米的生长影响比较小。玉米田杂草生命力极其旺盛，吸收水肥能力强，抗逆性强，适应能力极强，不分土质，一般杂草具有成熟早、不整齐、出苗期不统一等特点，不利于防治，并且很多杂草能死而复生，尤其是多年生杂草，如马齿苋在人工拔除后在田间暴晒3天，遇雨仍可恢复生长，香附子的根深，不将地下茎拣出田外，在田间晒30天后，遇适条件仍可发芽。此外，杂草还具有惊人的繁殖能力，绝大多数杂草的结实数是作物的几倍、几百倍甚至上万倍。根据调查总结发现，田间杂草发生为害越来越重，某些杂草同时产生了抗性，单一除草剂已不能抑制其发生、发展。一般造成减产一至二成，严重的减产三至五成。

（三）杂草种群变化

玉米主产区的河北、河南、山东、陕西等省的玉米种植方式播种面积逐年减少，而套种免耕、贴茬播种面积逐年增加，在玉米田使用土壤除草剂处理的效果不佳，使玉米田杂草群落发生了变化；土壤除草剂的除草效果与土壤湿度密切相关，土壤干燥时的除草效果大大降低，而我国春玉米的主要产区辽宁、吉林、黑龙江、内蒙古4省（区）几乎是十年九旱，而且春玉米播种时，经常刮风，药土层极易被风刮去。土壤干旱时，土壤除草剂的效果很难很好发挥，导致玉米田间杂草群落变化复杂。莠去津及其混剂在玉米田的长期单一使用，诱发了多种杂草的抗性。长期使用阿特拉津的玉米田，马唐对其抗药性上升；在长期使用百草枯的地区，通泉草表现出明显抗性。

三、大豆玉米带状复合种植杂草防除技术

（一）杂草防控策略

大豆玉米带状复合种植杂草防除坚持综合防治原则，充分发挥翻耕旋耕除草、地膜覆盖除草等农业、物理措施的作用，降低田间杂草发生基数，减轻化学除草压力。使用除草剂坚持“播后苗前土壤封闭处理为主、苗后茎叶喷施处理为辅”的施用策略，根据不同区域特点、不同种植模式，既要考虑当茬大豆、玉米生长安全，又要考虑下茬作物和翌年大豆玉米带状复合种植轮作倒茬安全，科学合理选用除草剂品种和施用方式。

1. 因地制宜

各地要根据播种时期、种植模式、杂草种类等制定杂草防治技术方案，因地制宜科学选用适宜的除草剂品种和使用剂量，开展分类精准指导。

2. 治早治小

应优先选用播后苗前土壤封闭处理除草方式，减轻苗后除草压力。苗后除草重点抓住出苗期和幼苗期，此时杂草与作物开始竞争，也是杂草最敏感脆弱的阶段，除草效果好。

3. 安全高效

杂草防控使用的除草剂品种要确保高效低毒低残留，对环境友好，确保本茬大豆、玉米及周边作物的生长安全，同时对下茬作物不会造成影响。

（二）除草剂的使用技术

1. 大豆玉米带状套作

主要在西南地区，降雨充沛，杂草种类多，防除难度大。玉米先于大豆播种，除草剂使用应封杀兼顾。玉米播后苗前选用精异丙甲草胺（或乙草胺）+噻吩磺隆等药剂进行土壤封闭处理，

如果玉米播前田间已经有杂草的可用草铵膦喷雾；土壤封闭效果不理想需茎叶喷雾处理的，可在玉米苗后3~5叶期选用烟嘧磺隆+氯氟吡氧乙酸（或二氯吡啶酸、灭草松）定向（玉米种植区域）茎叶喷雾。

大豆播种前3天，根据草相选用草铵膦、精喹禾灵、灭草松等在田间空行进行定向喷雾，播后苗前选用精异丙甲草胺（或乙草胺）+噻吩磺隆等药剂进行土壤封闭处理。土壤封闭效果不理想需茎叶喷雾处理的，在大豆3~4片三出复叶期选用精喹禾灵（或高效氟吡甲禾灵、精吡氟禾草灵、烯草酮）+乙羧氟草醚（或灭草松）定向（大豆种植区域）茎叶喷雾。

2. 大豆玉米带状间作

主要在西南、黄淮海、长江中下游和西北地区。大豆玉米同期播种，除草剂使用以播后苗前封闭处理为主。选用精异丙甲草胺（或异丙甲草胺、乙草胺）+唑嘧磺草胺（或噻吩磺隆）等药剂进行土壤封闭。

土壤封闭效果不理想需茎叶喷雾处理的，可在玉米苗后3~5叶期、大豆2~3片三出复叶期、杂草2~5叶期，根据当地草情，选择玉米、大豆专用除草剂实施茎叶定向除草（要采用物理隔帘将玉米大豆隔开施药）。后期对于难防杂草可人工拔除。

黄淮海地区：麦收后田间杂草较多，在玉米和大豆播种前，先用草铵膦进行喷雾处理，灭杀已经出苗的杂草。在玉米和大豆播种后立即进行土壤封闭处理，土壤封闭施药后，可结合喷灌、降雨或灌溉等措施，将小麦秸秆上黏附的药剂淋溶到土壤表面，提高封闭效果。

西北地区：推广采用黑色地膜覆膜除草技术，降低田间杂草发生基数。在没有覆膜的田块，播后苗前进行土壤封闭处理。

内蒙古：采用全膜覆盖或半膜覆盖控制部分杂草。在没有覆膜的田块，播后苗前进行土壤封闭处理，结合苗后玉米、大豆专用除草剂定向喷雾。

(三) 除草剂使用注意事项

(1) 优先选用噻吩磺隆、唑嘧磺草胺、灭草松、精异丙甲草胺、异丙甲草胺、乙草胺、二甲戊灵7种同时登记在玉米和大豆上的除草剂。土壤有机质含量在3%以下时，选择除草剂登记剂量低量；土壤有机质含量在3%以上时，选择除草剂登记剂量高量。喷施除草剂时，应保证喷洒均匀，干旱时土壤处理每亩用水量在40升以上。

(2) 在选择茎叶处理除草剂时，要注意选用对邻近作物和下茬作物安全性高的除草剂品种。精喹禾灵、高效氟吡甲禾灵、精吡氟禾草灵和烯草酮等药剂漂移易导致玉米药害；氯氟吡氧乙酸和二氯吡啶酸等药剂漂移易导致大豆药害，莠去津、烟嘧磺隆易导致大豆、小麦、油菜残留药害，氟磺胺草醚对下茬玉米不安全。

(3) 如果发生除草剂药害，可在作物叶面及时喷施吲哚丁酸、芸苔素内酯、赤霉酸等，可在一定程度上缓解药害。同时，应加强水肥管理，促根壮苗，增强抗逆性，促进作物快速恢复生长。

(4) 使用喷杆喷雾机定向喷雾时，应加装保护罩，防止除草剂漂移到邻近作物，同时应注意除草剂不径流到邻近其他作物。喷雾器械使用前应彻底清洗，以防残存药剂导致作物药害。

(5) 喷洒除草剂时，要注意风力、风向及晴雨等天气变化。选择晴天无风且最低气温不低于4℃时用药，喷药时间选择10时前和16时后最佳，夏季高温季节中午不能喷药。阴雨天、大风天禁止用药，以防药效降低及雾滴漂移产生药害。

(四) 机械化除草技术要点

机械化除草，主要采用播后苗前土壤封闭处理和苗后定向茎叶喷药相结合，以苗前封闭除草为主，减轻苗后除草压力。

1. 封闭除草技术要点

播后苗前（播后2天内）根据不同地块杂草类型选择适宜的除草剂，使用喷杆喷雾机进行土壤封闭喷雾，喷洒均匀，在地表形成药膜。

2. 苗期除草技术要点

大豆和玉米分别为双子叶作物和单子叶作物，苗期除草应做好物理隔离，避免产生药害。优先选用自走式双系统分带喷杆喷雾机等专用植保机械，其次选用经调整改造的自走式双系统分带喷杆喷雾机，实现玉米、大豆分带同步植保作业；也可选用加装隔板（隔帘、防护罩）的普通自走式喷杆喷雾机，实现大豆、玉米分带分步植保作业。苗后玉米3~5叶期、大豆2~3片三出复叶期，根据杂草情况对大豆玉米分带定向喷施除草剂。应选择无风天气，并压低喷头，防止除草剂漂移到邻近行的大豆带或玉米带。

参考文献

高凤菊，赵文路，2021. 玉米大豆间作精简高效栽培技术［M］. 北京：中国农业科学技术出版社.

高广金，2010. 玉米栽培实用新技术［M］. 武汉：湖北科学技术出版社.

何荫飞，2019. 作物生产技术［M］. 北京：中国农业大学出版社.

胡国华，2008. 无公害大豆安全生产手册［M］. 北京：中国农业出版社.

罗瑞萍，2018. 大豆优质高效技术知识答疑［M］. 银川：阳光出版社.

史树森，2013. 大豆害虫综合防控理论与技术［M］. 长春：吉林出版集团有限责任公司.

王晓光，2010. 玉米栽培技术［M］. 沈阳：东北大学出版社.

闫文义，2020. 大豆生产实用技术手册［M］. 哈尔滨：黑龙江科学技术出版社.

杨文钰，等，2021. 玉米-大豆带状复合种植技术［M］. 北京：科学出版社.

郑顺林，2014. 作物高效生产理论与技术［M］. 成都：四川大学出版社.

附　　录

附录1　大豆玉米带状复合种植配套机具应用指引（2022年）

农业农村部农业机械化管理司
农业农村部农业机械化总站
农业农村部农作物生产全程机械化推进专家指导组

大豆玉米带状复合种植技术采用大豆带与玉米带间作套种，充分利用高位作物玉米边行优势，扩大低位作物空间，实现作物协同共生、一季双收、年际间交替轮作，可有效解决玉米、大豆争地问题。为做好大豆玉米带状复合种植机械化技术应用，提供有效机具装备支撑保障，针对西北、黄淮海、西南和长江中下游地区主要技术模式制定了大豆玉米带状复合种植配套机具应用指引，供各地参考。其他地区和技术模式可参照应用。

一、机具配套原则

今年是大面积推广大豆玉米带状复合种植技术的第一年，为便于全程机械化实施落地，在机具选配时，应充分考虑目前各地实际农业生产条件和机械化技术现状，优先选用现有机具，通过适当改装以适应复合种植模式行距和株距要求，提高机具利用率。有条件的可配置北斗导航辅助驾驶系统，减轻机手劳动强度，提高作业精准度和衔接行行距均匀性。

二、播种机具应用指引

播种作业前，应考虑大豆、玉米生育期，确定播种、收获作业先后顺序，并对播种作业路径详细规划，妥善解决机具掉头转弯问题。大面积作业前，应进行试播，及时查验播种作业质量、调整机具参数，播种深度和镇压强度应根据土壤墒情变化适时调整。作业时，应注意适当降低作业速度，提高小穴距条件下播种作业质量。

（一）2+3 和 2+4 模式

该模式玉米带和大豆带宽度较窄，大豆玉米分步播种时，应注意选择适宜的配套动力轮距，避免后播作物播种时碾压已播种苗带，影响出苗。玉米后播种时，动力机械后驱动轮的外沿间距应小于 160 厘米；大豆后播种时，2+3 模式动力机械后驱动轮的外沿间距应小于 180 厘米，2+4 模式后驱动轮的外沿间距应小于 210 厘米；驱动轮外沿与已播作物播种带的距离应大于 10 厘米。如大豆玉米可同时播种，可购置 1+×+1 型（大豆居中，玉米两侧）或 2+2+2 型（玉米居中，大豆两侧）大豆玉米一体化精量播种机，提高播种精度和作业效率；一体化播种机应满足株行距、单位面积施肥量、播种精度、均匀性等方面要求；作业前，应对玉米、大豆播种量、播种深度和镇压强度分别调整；作业时，注意保持衔接行行距均匀一致，防止衔接行间距过宽或过窄。

(1) 黄淮海地区

目前该地区玉米播种机主流机型为 3 行和 4 行，大豆播种机主流机型为 3～6 行，或兼用玉米播种机。前茬小麦收获后，可进行灭茬处理，提高播种质量，提升出苗整齐度。

玉米播种时，将播种机改装为2行，调整行距接近40厘米，通过改变传动比调整株距至10～12厘米，平均种植密度为4 500～5 000株/亩，并加大肥箱容量、增设排肥器和施肥管，增大单位面积施肥量。大豆播种时，优先选用3行或4行大豆播种机，或兼用可调整至窄行距的玉米播种机，通过调整株行距来满足大豆播种的农艺要求，平均种植密度为8 000～10 000株/亩。

（2）西北地区

该地区覆膜打孔播种机应用广泛，应注意适当降低作业速度，防止地膜撕扯。

玉米播种时，可选用2行覆膜打孔播种机，调整行距接近40厘米，通过改变鸭嘴数量将株距调整至10厘米左右，平均种植密度为4 500～5 000株/亩，并增大单位面积施肥量。大豆播种时，优先选用3行或4行大豆播种机，或兼用可调整至窄行距的玉米播种机，可采用一穴多粒的播种方式，平均种植密度为11 000～12 000株/亩。

（3）西南和长江中下游地区

该区域大豆玉米间套作应用面积较大，配套机具应用已经过多年试验验证。

玉米播种时，可选用2行播种机，调整行距接近40厘米，株距调整至12～15厘米，平均种植密度为4 000～4 500株/亩，并增大单位面积施肥量。大豆播种采用2+3模式时，可在2行玉米播种机上增加一个播种单体；采用2+4模式时，可选用4行大豆播种机完成播种作业；株距调整至9～10厘米，平均种植密度为9 000～10 000株/亩。

（二）3+4、4+4和4+6模式

（1）黄淮海地区

玉米播种时，可选用3行或4行播种机，调整行距至55厘

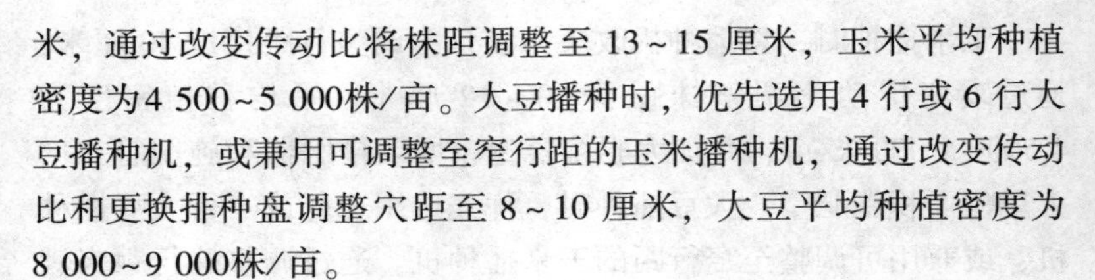

米，通过改变传动比将株距调整至 13~15 厘米，玉米平均种植密度为4 500~5 000株/亩。大豆播种时，优先选用 4 行或 6 行大豆播种机，或兼用可调整至窄行距的玉米播种机，通过改变传动比和更换排种盘调整穴距至 8~10 厘米，大豆平均种植密度为8 000~9 000株/亩。

（2）西北地区

玉米播种时，可选用 4 行覆膜打孔播种机，调整行距至 55 厘米，通过改变鸭嘴数量将株距调整至 13~15 厘米，玉米平均种植密度为4 500~5 000株/亩。大豆播种时，优先选用 4 行或 6 行大豆播种机，或兼用可调整至窄行距的玉米播种机，株距调整至 13~15 厘米，可采用一穴多粒播种方式，大豆平均种植密度为9 000~10 000株/亩。

三、植保机具应用指引

（一）合理选用药剂及用量，按照机械化高效植保技术操作规程进行防治作业。

（二）杂草防控难度较大，应尽量采用播后苗前化学封闭除草方式，减轻苗后除草药害。播后苗前喷施除草剂应喷洒均匀，在地表形成药膜。

（三）苗后喷施除草剂时，可改装喷杆式喷雾机，设置双药箱和喷头区段控制系统，实现不同药液的分条带喷施，并在大豆带和玉米带间加装隔离板，防止药剂带间漂移，也可在此基础上更换防漂移喷头，提升隔离效果。

（四）喷施病虫害防治药剂时，可根据病虫害的发生情况和区域，选择大豆玉米统一喷施或独立喷施。

（五）也可购置使用“一喷施两防治”复合种植专用一体化喷杆喷雾机。

四、收获机具应用指引

根据作物品种、成熟度、籽粒含水率及气候等条件，确定两种作物收获时期及先后收获次序，并适期收获、减少损失。当玉米果穗苞叶干枯、籽粒乳线消失且基部黑层出现时，可开始玉米收获作业；当大豆叶片脱落、茎秆变黄，豆荚表现出本品种特有的颜色时，可开始大豆收获作业。

根据地块大小、种植行距、作业要求选择适宜的收获机，并根据作业条件调整各项作业参数。玉米收获机应选择与玉米带行数和行距相匹配的割台配置，行距偏差不应超过 5 厘米，否则将增加落穗损失。用于大豆收获的联合收割机应选择与大豆带幅宽相匹配的割台割幅，推荐选配割幅匹配的大豆收获专用挠性割台，降低收获损失率。大面积作业前，应进行试收，及时查验收获作业质量、调整机具参数。

（一）2+3 和 2+4 模式

如大豆玉米成熟期不同，应选择小两行自走式玉米收获机先收玉米，或选择窄幅履带式大豆收获机先收大豆，待后收作物成熟时，再用当地常规收获机完成后收作物收获作业；也可购置高地隙跨带玉米收获机，先收两带 4 行玉米，再收大豆。如大豆玉米同期成熟，可选用当地常用的 2 种收获机一前一后同步跟随收获作业。

（二）3+4、4+4 和 4+6 模式

目前，常用的玉米收获机、谷物联合收割机改装型大豆收获机均可匹配，可根据不同行数选择适宜的收获机分步作业或跟随同步作业。

附录2　大豆玉米带状复合种植机械化收获减损技术指导意见（2022年）

农业农村部农业机械化总站
农业农村部农作物生产全程机械化专家指导组

当前，即将进入大豆玉米复合种植大面积收获期。为加快大豆玉米带状复合种植全程机械化技术推广应用，针对部分地区机收经验不足、损失预期偏高等问题，聚焦“3+2”（3行大豆+2行玉米，下同）、“4+2”（4行大豆+2行玉米，下同）种植模式，制定了大豆玉米带状复合种植机械化收获减损技术指导意见供各地参考。其他技术模式可参照应用。

一、适宜收获期确定

适期收获是机械化收获减损的关键，根据作物品种、成熟度、籽粒含水率及气候等条件，确定两种作物收获期，并适期收获，过早或过晚收获会对作物产量和品质造成不利影响。

（一）大豆适宜收获期

大豆适宜收获期是在黄熟期后至完熟期之间，此时大豆叶片脱落80%以上，豆荚和籽粒均呈现出原有品种的色泽，籽粒含水率下降到15%～25%，茎秆含水率为45%～55%，豆粒归圆，植株变成黄褐色，茎和荚变成黄色，用手摇动植株会发出清脆响声。大豆收获作业应选择早、晚露水消退时间段进行，避免产生“泥花脸”；应避开中午高温时段，减少收获炸荚损失。

（二）玉米适宜收获期

玉米适宜收获期在完熟期，此时玉米植株的中下部叶片变黄，基部叶片干枯，果穗变黄，苞叶干枯呈黄白色而松散，籽粒脱水变硬乳线消失，微干缩凹陷，籽粒基部（胚下端）出现黑帽层，并呈现出品种固有的色泽。采用果穗收获，玉米籽粒含水率一般为25%~35%；采用籽粒直收方式，玉米籽粒含水率一般为15%~25%。

二、收获方式及适宜机型

根据大豆、玉米成熟顺序差异，收获方式可分为：先收大豆后收玉米方式、先收玉米后收大豆方式、大豆玉米分步同时收获等。根据种植模式、带宽行距、地块大小、作业要求选择适宜的收获机。

（一）先收大豆后收玉米方式

该方式适用于大豆先熟玉米晚熟地区，主要包括黄淮海、西北等地区间作方式。作业时，先选用适宜的窄幅宽大豆收获机进行大豆收获作业，再选用2行玉米收获机或常规玉米收获机（2行以上玉米收获机）进行玉米收获作业。

大豆收获机机型应根据大豆带宽和相邻两玉米带之间的带宽选择，轮式和履带式均可，应做到不漏收大豆、不碾压或夹带玉米植株。大豆收获机割台幅宽一般应大于大豆带宽度40厘米（两侧各20厘米）以上，整机外廓尺寸应小于相邻两玉米带带宽20厘米（两侧各10厘米）以上。以大豆玉米带间距70厘米、大豆行距30厘米为例，“3+2”种植模式应选择1米≤幅宽＜1.7米、整机宽度＜1.8米的大豆收获机，“4+2”种植模式应选择1.3米≤幅宽＜2米、整机宽度＜2.1米的大豆收获机。窄幅宽大豆收获机宜装配浮式仿形割台，幅宽2米以上大豆收获机宜装配专用挠性割台，割台离地高度＜5厘米，实现贴地收获作业，使低节位豆荚进入割台，降低收获损失率。

玉米收获时，大豆已收获完毕，玉米收获机机型选择范围较大，可选用 2 行玉米收获机对行收获；也可选用当地常规玉米收获机减幅作业。

（二）先收玉米后收大豆方式

该方式适用于玉米先熟大豆晚熟地区，主要包括西南地区套作方式和长江流域、华北地区间作方式。作业时，先选用适宜的 2 行玉米收获机进行玉米收获作业，再选用窄幅宽大豆收获机或当地常规大豆收获机（幅宽 2 米以上）进行大豆收获作业。

玉米收获机机型应根据玉米带的行数、行距和相邻两大豆带之间的宽度选择，轮式和履带式均可，应做到不碾压或损伤大豆植株，以免造成炸荚、增加损失。玉米收获机轮胎（履带）外沿与大豆带距离一般应大于 15 厘米。以大豆玉米带间距 70 厘米、玉米行距 40 厘米的“3+2”和“4+2”种植模式为例，应选择轮胎（履带）外侧间距＜1.5 米、整机宽度＜1.7 米的 2 行玉米收获机；也可选用高地隙跨带玉米收获机，先收两带 4 行玉米。

大豆收获时，玉米已收获完毕，大豆收获机机型选择范围较大，可选用幅宽与大豆带宽相匹配的大豆收获机，幅宽应大于大豆带宽 40 厘米以上；也可选用当地常规大豆收获机减幅作业。

（三）大豆玉米分步同时收获方式

该方式适用于大豆玉米同期成熟地区，主要包括西北、黄淮海等地区的间作方式。作业时，对大豆、玉米收获顺序没有特殊要求，主要取决于地块两侧种植的作物类别，一般分别选用大豆收获机和玉米收获机前后布局，轮流收获大豆和玉米，依次作业。因作业时一侧作物已经收获，对机型外廓尺寸、轮距等要求降低，可根据大豆种植幅宽和玉米行数选用幅宽匹配的机型，也可选用常规收获机减幅作业。

三、机具调整改造

（一）调整改造实现大豆收获

目前，市场上专用大豆收获机较少，可选用与工作幅宽和外廓尺寸相匹配的履带式谷物联合收割机进行调整改造。调整改造方式参照《大豆玉米带状复合种植配套机具调整改造指引》（农机科〔2022〕28号）。

（二）调整改造实现玉米收获

目前，常用的玉米收获机行距一般为60厘米左右，适用于大豆玉米带状复合种植40厘米小行距的玉米收获机机型较少。玉米收获作业时，行距偏差较大会增大落穗损失率或降低作业效率，可将割台换装或改装为适宜行距割台，也可换装不对行割台。对于植株分杈较多的大豆品种，收获玉米时，应在玉米收获机割台两侧加装分离装置，分离玉米植株与两侧大豆植株，避免碾压大豆植株。

（三）加装辅助驾驶系统

如果播种时采用了北斗导航或辅助驾驶系统，收获时，先收作物对应收获机也应加装北斗导航或辅助驾驶系统，提高驾驶直线度，使机具沿行间精准完成作业，减少对两侧作物碾压和夹带，同时减少人工操作误差并降低劳动强度。如果播种时未采用北斗导航或辅助驾驶系统，收获时根据作物播种作业质量确定是否加装北斗导航或辅助驾驶系统，如播种作业质量好可加装，否则没有加装必要。

四、减损收获作业

（一）科学规划作业路线

对于大豆、玉米分期收获地块，如果地头种植了先熟作物，应先收地头先熟作物，方便机具转弯掉头，实现往复转行收获，减少空载行驶；如果地头未种植先熟作物，作业时转弯掉头应尽量借用田间道路或已收获完的周边地块。

对于大豆、玉米同期收获地块，应先收地头作物，方便机具转弯掉头，实现往复转行收获，减少空载行驶；然后再分别选用大豆收获机和玉米收获机依次作业。

（二）提前开展调整试收

作业前，应依据产品使用说明书对机具进行一次全面检查与保养，确保机具技术状态良好；应根据作物种植密度、模式及田块地表状态等作业条件对收获机作业参数进行调整，并进行试收，试收作业距离以30~50米为宜。试收后，应检查先收作业是否存在碾压、夹带两侧作物现象，有无漏割、堵塞、跑漏等异常情况，对照作业质量标准检测损失率、破碎率、含杂率等。如作业效果欠佳，应再次对收获机进行适当调整和试收检验，直至作业质量优于标准，并达到满意的作业效果。

（三）合理确定作业速度

作业速度应根据种植模式、收获机匹配程度确定，禁止为追求作业效率而降低作业质量。如选用常规大型收获机减幅作业，应注意通过作业速度实时控制喂入量，使机器在额定负荷下工作，避免作业喂入量过小降低机具性能。大豆收获时，如大豆带田间杂草太多，应降低作业速度，减少喂入量，防止出现堵塞或含杂率过高等情况。

对于大豆先收方式，大豆收获作业速度应低于传统净作，一般控制在3~6千米/时，可选用Ⅱ挡，发动机转速保持在额定转速，不能低转速下作业。若播种和收获环节均采用北斗导航或辅助驾驶系统，收获作业速度可提高至4~8千米/时。玉米收获时，两侧大豆已收获完，可按正常作业速度行驶。

对于玉米先收方式，受两侧大豆植株以及玉米种植密度高的影响，玉米收获作业速度应低于传统净作，一般控制在3~5千米/时。如采用行距大于55厘米的玉米收获机，或种植行距宽窄不一、地形起伏不定、早晚及雨后作物湿度大时，应降低作业速度，避免损失率增大。大豆收获时，两侧玉米已收获完，可按正常作业速度行驶。

（四）强化驾驶操作规范

大豆收获时，应以不漏收豆荚为原则，控制好大豆收获机割台高度，尽量放低割台，将割茬降至4~8厘米，避免漏收低节位豆荚。作业时，应将大豆带保持在幅宽中间位置，并直线行驶，避免漏收大豆或碾压、夹带玉米植株。应及时停车观察粮仓中大豆清洁度和尾筛排出秸秆夹带损失率，并适时调整风机风量。

玉米收获时，应严格对行收获，保证割道与玉米带平行，且收获机轮胎（履带）要在大豆带和玉米带间空隙的中间，避免碾压两侧大豆。作业时，应将割台降落到合适位置，使摘穗板或摘穗辊前部位于玉米结穗位下部30~50厘米处，并注意观察摘穗机构、剥皮机构等是否有堵塞情况。玉米先收时，应确保玉米秸秆不抛撒在大豆带，提高大豆收获机通过性和作业清洁度。

（五）妥善解决倒伏情况

复合种植倒伏地块收获时，应根据作物成熟期以及倒伏方向，规划好收获顺序和作业路线；收获机调整改造和作业注意事项可参照传统净作方式，此外为避免收获时倒伏带来的混杂，可加装分禾装置。

先收大豆时，可提前将倒伏在大豆带的玉米植株扶正或者移出大豆带，方便大豆收获作业，避免碾压玉米果穗造成损失，或混收玉米增大含杂率。

先收玉米时，如大豆和玉米倒伏方向一致，应选用调整改造后的玉米收获机对行逆收作业或对行侧收作业；如果大豆和玉米倒伏方向没有规律，可提前将倒伏在玉米带的大豆植株扶正或者移出玉米带，方便玉米收获作业，避免玉米收获机碾压倒伏大豆。

分步同时收获时，如大豆和玉米倒伏方向一致，一般先收倒伏玉米，玉米收获后，倒伏在大豆带内的玉米植株减少，将剩余倒伏在大豆带的玉米植株扶正或者移出大豆带后，再开展大豆收获作业；如果大豆和玉米倒伏方向没有规律，可提前将倒伏在玉米带的大豆植株扶正或者移出玉米带，先收大豆再收玉米。

附录3　大豆玉米带状复合种植安全用药指导意见（2023年）

全国农业技术推广服务中心

当前，我国大豆、玉米已由苗期进入到旺盛生长期，这既是产量形成的关键时期，也是病虫害防治的重要时期。为全面贯彻落实全国农业防灾减灾工作推进视频会议精神，提升大豆、玉米病虫害科学安全用药水平，高质量完成大豆玉米带状复合种植任务，实现“玉米基本不减产，增收一季豆”的目标，特制定如下意见。

一是抓好用药技术指导。结合各地区生产实际，加强复合种植病虫害科学用药技术指导。防治棉铃虫、斜纹夜蛾、黏虫、蚜虫、叶螨等害虫，针对性选用氯虫苯甲酰胺、四氯虫酰胺、甲氨基阿维菌素苯甲酸盐、乙基多杀菌素、茚虫威、乙螨唑等杀虫杀螨剂，在低龄幼虫期或幼螨期喷雾防治；防治玉米大小斑病、南方锈病、大豆锈病、叶斑病等病害，针对性选用枯草芽孢杆菌、井冈霉素、苯醚甲环唑、丙环·嘧菌酯喷雾防治；对于杂草防治效果不理想的地区，要采用定向隔离喷雾的方式继续开展防治，严防药害发生。

二是抓好“一喷多促”。在大豆、玉米生长发育中后期，有条件的地区组织专业化病虫害防治服务组织统一开展作业，混合喷施植物生长调节剂、杀菌杀虫剂，实现病虫害防治、单产提高等多重功效。在播期较晚且出现旺长的地块，可在大豆初花期喷施多唑·甲哌鎓等植物生长调节剂，防止植株旺长，预防后期落花落荚。

三是及时开展药害补救。在定向喷施除草剂时，应加装保护罩，注意选用对邻近作物和下茬作物安全性高的除草剂品种，并严格控制使用剂量。如果发生除草剂药害，可在作物叶面及时喷施吲哚丁酸、芸苔素内酯、赤霉酸、磷酸二氢钾等缓解药害。同时，应加强水肥管理，促根壮苗，增强抗逆性，促进作物快速恢复生长。